光明城

CITÉ LUCE

看见我们的未来

Volume

6

建筑 | 城市 | 艺术 | 批评

建筑文化研究

SAC

Studies
of
Architecture
&
Culture

当代史 III Contemporary History

主编／胡恒
Editor／Hu Heng

2014

南京大学建筑与城市规划学院 南京大学人文社会科学高级研究院 合办

同济大学出版社
TONGJI UNIVERSITY PRESS

卷首语

〰〰〰〰〰

胡恒
2014 年 3 月 3 日

当代史有三个主题。第一，过去（历史）如何成为现在？第二，现在如何成为历史？第三，在这一双向的工作中，写作者的角色应是怎样？本辑重点讨论第三个主题，即写作者与当代史的关系。

当代史以当下的事件为切入点。这意味着研究者必然身处事件之外、之旁，甚或之中。他从旁观者、见证者，到研究者，再到参与者，身份的变化几乎不可避免。马克思在写作《路易·波拿巴的雾月十八日》时，其身份的复杂性曾经达到了极致：他的自我定位是历史学家；在普通读者看来，他是时事政论家；在特定阶层看来，他是革命导师；在文章结束时，他又是一个大祭司式的预言家。

那个革命的时代不可复制，但作者的多重身份却是古今皆同。这是一柄双刃剑。有利的一面：它使写作具有现场感。直接掌握第一手资料（它们大多以非正式的信息方式存在）；观测事件的细微变化（它们一闪即逝，不在局中便无从知晓）；研究完成后，写作进入现实，在媒介与知识层面上继续发挥效能，对世界产生作用，像《路易·波拿巴的雾月十八日》那样。这是我们当代史的责任之一。不利的一面：研究者离对象过近，主观的情感要素（道德感、责任心等）进入，会导致历史写作所必要的距离感消退；研究的"立场"失去宏大视野，滑入工具模式。更加危险的是，当下事件尚在进行，研究者的过度介入，在干扰其现状之余,还会影响研究本身。比如至关重要的"周期"设定,任何外来的作用力都会让周期的终点事件出现变数,可能会推翻论文的结构、主题设定,使论证逻辑作废……研究面临崩盘。

危险亦是考验。研究应该止于何处?如何处理新生的变数?如何为之调整研究路径,重设论证逻辑与研究目的?主体参与的界限在哪里?一系列问题,迫使当代史走上"临时建构"之路。每一次当代史写作,都是一次暂时的、片断的建构。它不是安全屋,能满足读者对现实的美好想象与虚幻的欲望;它是危楼,各种麻烦角色在其中接续现身——激烈对抗的力量关系、错动的结构层、莫名的事物、裂缝与阴影。换个角度来看,危楼充满了不确定,但更显迷人。它邀请读者加入,共享对现实的另一种体验。可能的话,还可改造这一危楼。

本辑三篇主题文章的对象为大型建筑群:两个居住区,一个校园。它们分别在南京、台中和高雄,生命都不算长,40年到60年。三个案例中,作者与研究对象之间的关系都颇为复杂。过近者有之,过远者有之;偶遇者有之,相处数十年者有之。共同点在于,研究者都尽力与对象建立一种历史距离,在细节辨析与宏观结构之间建立一种平衡。这并不容易。实际上,这一距离或平衡,都无法真正得以控制。正如我们所见,研究中的不完整、自相矛盾之处频频出现。正如"当代"二字的含义。

《作为受虐狂的环境》的研究对象是南京的大型居住区——南湖新村,着手点是一个空间事件,即一座体育大厦在使用三年后改建成私立妇产医院。文章建构起一个长度为三年的小周期,将周期的起点(2003年)与终点(2007年)的社会情境连接起来,为改建事件寻找解释。随着空间拉开,该事件变成一个系列,而小周期也融入另一个更大的周期——南湖新村 30 年的兴衰史。在这个大周期中，事件获得新的理解氛围。该社区从 20 世纪 80 年代开始，逐渐由盛转衰。市政府于 2003 年对其开展了一系列大规模的振兴计划，但是数年过去，计划全盘失效，那些莫名的建筑事件正是其结果。失效的原因，在周期的起点处能找到源头。南湖新村本是为"文革"期间数万下放户返城而设，而当下的新空间动作，虽然有着全局计划的合法性，却触动了这一特殊群体的精神世界与物质世界。就性质来说，无异于入侵。他们的对抗策略是，以"弱者"的身份实行"受虐狂的游戏"——让大他者的符号布展工程悬置，产生焦虑，继而歇斯底里，最后无奈退场。

这里包含两层"临时建构"。在第一层关于建筑的小周期中，作者借由私人关系获得事件信息，研究有了一个开端。在第二层关于南湖新村的大周期中，作者的角色更为复杂，旁观者—研究者—参与者，顺次转换。整整一年的实地调研，作者在获取大量的原始资料之外，还参与社区的日常生活，给研究对象带来微妙的影响。"受虐狂的游戏"尚在进行，各方参与者都处于高度敏感的状态，尤其是下放户们。研究者与他们的寻常交流，常常激起出乎意料的反应。他们被获知的信息所刺激。无声的、解构主义式的"受虐狂的游戏"不自觉地向喧嚣的、对抗性的"战争"演变。这完全超出了研究者的论述范围与概念界限。本项研究在一个省略号中结束，实属无奈。显然，它还需要第三层"临时建构"。不过，这应该是几年后的事了。

《解编织》是一次标准的当代史实践。台中的东海大学是 20 世纪 50 年代著名的校园规划案例。贝聿铭主持设计、文理大道轴线、多样的空间组合、小教堂，使东海校园在完成之时就无争议地进入世界建筑史，成为经典。其意义众所周知，相关研究也层出不穷。郭文亮无意探讨风格取向等设计问题，或者详述纷繁的历史过程；他的意图在于，将塔夫里的"作品本身并不重要，历史研究的目的在于重建作品的知性语境"之观点应用到东海大学。

这是一个当代史式的问题设定。在知性语境层面上，东海校园极其复杂。作者用侦探抽丝剥茧般的破案术加以梳理，既还原了彼时"非常规"的设计过程，又构架出一个更大的权力结构图。1950 年代是台湾最受国际势力关注的热点时期，东西方的政治格局投射到这个岛上。小小的大度山，成了美、大陆、台湾、日多角政治关系之建筑版的底图。项目过程中那些模糊灰色的状态,在权力结构图中都能找到对应的源头。此外，东海大学的知性语境还有一个更为重要的层面，即欧洲现代建筑传统的地域转译。这个项目的本土建筑师，大多有着现代建筑教育的传承，其中与格罗皮乌斯等大师不乏直系关联。现代主义理念借由不同的主体传递到这里，移植过程既曲折又古怪——融合、抗拒、抵消、叠合、变形……这是现代性在东方的一次历险。并且，在欧美系现代主义主流、日系现代主义支流、中国传统建筑、本土建造经验的混乱交集中，"在地"概念与"台湾性"问题凸显出来。

文章最后，作者对东海大学的后续解读作了分析。这是对知性语境的增补。在整个台湾地区，东海校园逐渐显示出征兆的意义。它曾经遇到的问题在随后的几十年里纷纷重现。郭文亮在文章开头提出的"作者是谁？"并不是一个厘清设计署名权、消除历史迷雾的考据问题。它触及台湾当代建筑史的内核。"作者是谁？"的潜台词是"我是谁？"对主体性的追问，是一代代台湾建筑师的共有心结。

　　郭文亮在东海大学任教及生活多年，谙熟东海校史，对其知性语境了如指掌。但是他并未以此强调对这一主题的话语权。论文以疑问开始，以疑问结束。作者从东海大学的小语境中抽离出来，将自身放在一个更远的位置，甚至离开了台湾本土。这是一个重要的历史距离，由此产生的困惑——主体性、在地经验、分析取向、如何拼合这块"破碎的地图"？——是对台湾整体的知性语境的反思，也是对写作自身反思的结果。这些反思会给东海大学带来什么影响？本系列将保持密切追踪。这是一个当代史式的期待。另外，大学校园在近些年逐步成为大陆学界的关注重点，东海大学的当代意义已经脱离台湾，辐射到对岸。

　　《贫户、救赎与乌托邦》的研究对象是 20 世纪 60 年代台湾高雄的社会住宅——福音新村。在知性语境上，它与东海大学非常接近：都身处二战后严苛的国际关系；都由美国教会资助；设计团队都为东海大学的教员；都涉及现代性转译、在地经验、工业化生产、乌托邦理念等当代主题。在社会角色上，它与南湖新村相似：从 60 年代的"社会住宅"到 70 年代的"都市毒瘤"，80 年代产权纠纷，2000 年后面临都市更新而遭清除，转型为"长者照护所"。虽然没有多少设计上的趣味，在学界也乏人关注，但它对城市结构转换的密切呼应，与社会贫困阶层的呼吸相关，远远超出精英色彩浓厚的东海大学。其 50 年历程就是一部缩写的台湾当代民生史。

　　这是一项社会语境重于知性语境的研究。如何在这两个坐标轴上建构一种均衡的"共时"关系，将福音新村的跌宕命运转化为时代图景，升级为"历史"，是作者着力所在。这一研究与郭文亮的《解编织》有着微妙重叠。知性语境中的同

11

SAC

一批设计者,在两个性质完全不同的项目中面临着相同的困惑:现代主义的观念转译与技术转译,建筑师的主体性。建筑师的这一复杂心态,非在地的研究者很难把握,其存在颇为重要。它平衡了社会语境的过重比例,将研究从社会学轨道拉回到建筑的当代史中。

蒋雅君一直关注冷战时期台湾社会空间建构的历史特质。她与研究对象的相遇也属偶然——在与一位研究生闲谈时获知该项目,并且该生已有初步的资料收集。这个对象对于她关注的主题是一次有力的论证。可以说,该文与《解编织》一样,作者与对象之间都有一种必然的联系。

三篇主题论文都运用了一些特定的概念:精神分析的、福柯的、巴特的。当代史研究中,概念的作用举足轻重;处理当下的现实,方法论平台不可或缺。当代史的对象虽然是建筑,但它的概念选择非常开放,任何人文研究的专属概念都可以进来。不过,概念的有效性需要在研究中检验、反思,以待下一次调整。

除去主题单元的两则居住区个案研究,评论单元还收入一篇相关的实证研究以作补充。张京祥的《近三十年来住房制度变迁下的中国城市住区空间演化》,用大量数据统计及图表,将中国住房制度在三十年里的变迁过程直观地展现出来。在当下中国,有关住房的各项制度法规频繁调整、修正,其节奏跳动相当随机,但对住宅区的开发与设计影响巨大。在《作为受虐狂的环境》一文中,住房制度的几番变革,是该项研究的一个重要的背景结构。制度研究,是当代史的恒定成分。

文献部分照例收入塔夫里的几篇文章。《"激进"的建筑与城市》与《结论形式的问题》,是《设计与乌托邦》一书的两章。前者与本辑的主题单元大有关系。塔夫里在文中首先分析了二战期间中欧的先进都市观在住宅区问题上的反映。以德国为例，两种先锋派知识分子相对峙：一方主张投身大都市现实中，将自身当作"正在重组的生产体系所要求的先进程序的协调工具"；一方主张运用艺术家的"主观主义"，对商业资本进行严肃批判。在前者（短暂的）掌权时期，利用居住区来实施社会主义民主管理制度，居住区成为一块自治的秩序绿洲，一个工人阶级的乌托邦，但是其本质上的反都市主义，还是使其很快退出历史舞台。其次，塔夫里还在一个更广泛的维度上，将"反都市意识形态"精神传统顺次排出一个谱系——它在启蒙时期就已出现，与资本主义城市平行发展至今。

在西方，居住区的知性语境特质相当强烈。诸如魏森霍夫住宅展、法兰克福马克思大院之类的试验远非建筑之事，它们深深烙上知识分子精英的意识形态印记。这与我们现在的状况相去甚远。但就社会语境而言却相差无几：工业化、全球都市主义、最低限度的居住空间与生产单元、类型化、人居、生态。塔夫里的住区研究是其当代史研究的一块巨大的拼图，涵盖欧洲各国（英法德奥意）以及美国、日本、苏维埃。这笔财富对我们的当代史有何参考作用？也是本辑专题提出的一个问题。

SAC

目录

Contents

当代史Ⅲ

Contemporary History Ⅲ

作为受虐狂的环境

胡恒

当体育大厦成为妇产医院

2005 年 10 月，南京水西门外南湖边，面对南湖公园平静的湖水，一栋橙红色的高层建筑——建邺区体育大厦（又名"南湖社区体育中心"）拔地而起。这个房子共 9 层，46.5 米高。相对于周边一排排五六层高的旧式居民楼，它高出一大截，颇有鹤立鸡群的味道。蔚蓝的天空下，橙红色的外立面分外耀眼，搭配着侧立面银光闪闪的金属穿孔板，时代感十足。项目完工之后，甲方（建邺区区政府）很满意，遂令将其相邻的几个或大或小的房子（南湖中学的教学楼、办公楼、体育馆，以及一栋靠街的四层小楼房）的外表皮全部刷成同样的橙红色。从湖边看过来，这里仿佛一片欢乐的红色海洋。

就设计而言，这是一座优秀的建筑[1]。底层平面几乎撑满规划红线，没有一点浪费，也顺便确定了建筑的大体轮廓和东西的朝向。形式很简单：一个规整矩形，各层平面的服务空间（楼梯、厕所和空调设备）放置在南北向的两端，中间部分全部作使用空间。体育大厦的功能比较复杂，因为不同的运动需要不同层高的空间相匹配。建筑师的处理直接有效：将一项项功能竖向叠上去，一层

是门厅和体育商店（5.4 米），二层是办公（3.6 米），三层至七层是各类活动用房（4.5 米），八层是乒乓球馆（6 米），最高的九层是羽毛球练习馆（9 米）。每一层的平面相同，但层高不一，各项功能要求各得其所。这正好使得外立面的开窗产生相应的变化，从上到下，窗高逐渐变小，窗面渐次增加，开窗位置相互交错，形成一个自然的递进节奏。东西侧面覆盖上穿孔金属板，遮住空调和辅助用房。

建筑采用了普通的钢筋混凝土框架结构，交通核为筒体结构。外立面是橙红色涂料，窗洞上下的墙向内凹进，施以黄色涂料，与橙红色的主色调形成对比。总体来说，这个房子造价低廉，功能一目了然，形式生成顺畅（从平面到剖面，再到立面，外部的视觉感由内部的功能组织来推动），是一个"价廉物美"的建筑。甲方夸张的接受方式（把周边房子全体染红），证明了它是一次不折不扣的成功。

在设计者张雷心中，这个房子也是一个成功案例。它是其"基本建筑"理念的完美演示[2]。西方的理性逻辑如何落地中国，这是整整两代本土建筑师们共同的命题。"基本建筑"理论是一种尝试。"基本"，既指设

---

1. 该项目的设计周期从 2004 年 9 月开始，由于必须赶在"十运会"召开之前完工，同年 12 月，全部设计图纸便已完成。2005 年年初开始施工，同年 10 月竣工交付使用，整个工程造价为 2 000 万元人民币。建筑基底面积为 1 100 平方米，总建筑面积为 10 000 平方米，总高度 46.5 米，为一类建筑。设计合理使用年限为 50 年；屋面防水等级为 II 级；耐火等级为一级；抗震设防烈度为 7 度。

SAC

＊1 从体育大厦到妇产医院

计上的理性基础，又指本土的现实条件。其要点不在协调两者之间的冲突和矛盾，而是在现实语境中寻找、挖掘其内含的逻辑性，使之成为设计的起点。当逻辑浮现出来，设计就走上应有的程序——形式思考贴合进来，直至融为一体。"基本建筑"并不将设计条件的先天不足（**粗糙的施工、低造价、复杂的观念环境，等等**）当作有待克服的问题，也未避重就轻、绕道而行；相反，现实的不确定性，反而是形式生成的动力、灵感产生的源泉、催生理性逻辑的沃土。对于"基本建筑"，张雷已有多年摸索，体育大厦是一个自然的结果。

建筑刚刚完成时，张雷难掩钟爱之情。他将精致的木制模型放在南京大学建筑研究所[3]设计教室的电梯入口处作为雕塑展示，也作为学生的"示范教材"。它在各类刊物上发表，并收入 2006 年出版的《domus+ 中国建筑师 / 设计师 78》大开本巨册的"张雷"条目下，以之为最新的代表作。

两年之后（2008 年），体育大厦被改造成一所高规格（五星级）的私营妇产医院——华世佳宝妇产医院。

按道理，这一改造很棘手——体育大厦与妇产医院是两种完全不同的建筑类型，功能要求与空间要求大相径庭，且都颇为严格。但实际上改造完成得很顺利。业主将其委托给南京大舟设计顾问有限责任公司（简称"大舟"），该公司的设计师认为，这个改造项目很容易操作。体育大厦在去掉原先的功能后，留下了一个极有弹性的空间"容器"，原

有的比例、尺度、网格系统并不难适应新的功能。首先，医院设计的层高要求与体育大厦的层高渐变设计不谋而合，正好，原先三至八层较高的层高可满足手术室等"高层高"的特殊要求。其次，服务与被服务空间的设计、3 米 ×3 米的通用模数让妇产医院的平面设计变得简单易行。最后，医院设计常用的双廊式布局与尺度要求，稍加调整即可与体育大厦的平面相合。在大舟的设计师看来，这个框架结构的方盒子"非常好用"[4]。

妇产医院的繁杂功能被一股脑地塞进这个红色体块里，[5]唯一较大的功能调整是垂直交通。体育大厦原有的垂直交通核不够用，设计师在平面中间加入两部医用电

—

2. 参见：张雷 . 基本建筑 . 北京：中国建筑工业出版社，2004 年。在书的序言中，美国建筑师霍尔写道："张雷的作品以简洁的几何性和均衡的比例见长。"在体育大厦的作品简介中，张雷写道："体育大厦由不同的剖面高度开始，精确的图像控制最终使得极端的外表面几何逻辑关系和相应层面特定活动内容成为指向一致的合理操作，从而形成合理独特的竖向立面肌理。"

—

3. 南京大学建筑研究所现为南京大学建筑与城市规划学院。

—

4. 参见刘玮对大舟建筑师的未公开访谈记录。

—

5. 首层是挂号收费、药房和放射科等，二层是妇产孕科门诊和部分医技功能（检验科、B 超室、心电图室），三层为计划生育科（门诊与手术室）、新生儿科和内外科等，四层为产房和手术室（专门供生产使用），五层和六层为病房。供应科和办公室放在辅楼。

SAC

＊2 基地鸟瞰

梯以解决交通与洁污分流的问题。建筑的外观没有多少改变，仅重新设计了入口并将其从东面移到临街的西面。项目之初，"大舟"曾提出重新设计外观的方案。经过讨论，业主、政府以及设计师均认为原有外观已经很好，不必再动干戈。远远看去，红色的大楼依然如故，与两年前落成时几乎一样。

　　或者说，它变得更好了。改造后，华世佳宝妇产医院的运行很顺畅。2009 年，为了通过 JCI 认证，医院进行了一系列调整，除了运营方面的改善之外，还包括建筑面积的扩张：加建第七层（VIP 病房、新生儿游泳室）与第八层（孕妇学校、新生儿游泳室、感控科、病案室、多功能厅），使医院功能更加完善。2010 年 12 月 17 日，华世佳宝妇产医院通过了国际 JCI 认证（江苏省唯一一家），并纳入欧美发达国家医疗考核标准体系。这从侧面肯定了改造的成效。

　　不过，成功亦有其代价——建筑师丧失了对建筑的署名权。改造完成后，这个房子被张雷从其作品目录中删除，不再出现在媒体（杂志专题、作品集）上[6]，甚至从此不愿提及。换言之，它不再属于他了。

　　近些年来，"新建筑改造"已成常见的城市状态。特别在当下的中国，快速更迭的城市化进程，使得时间控制着空间的塑造。新建筑的适应期越来越短。它一旦不能与场地、环境、城市生活即时融合，便面临着改建甚至是拆除重建的窘境。即使是名家之作，也难免这一残酷的命运。[7]

　　新建筑改造与我们熟悉的旧建筑改造大为不同。后者的重点在于，旧建筑虽然寿限已到，但是它还保留着某些美学或历史价值，这些价值还为环境所需要。改造是对这些价值进行再生产：重塑其符号意义，复活其符

—

6. 在 2008 年 12 月《a+u 中文版》第 020 期 "张雷专辑"、2011 年《世界建筑》第 250 期 "张雷—材料意志" 专辑，以及 2012 年出版的《当代建筑师系列：张雷》作品集中，该建筑均未被收入。

—

7. 近年国内 "名建筑" 的改造工程屡见不鲜。日本建筑师矶崎新在上海的作品几乎均被改造。九间堂会馆是九间堂别墅区的高级会所，曾风靡一时，但仅四年后就被上海证大集团改造成为无极书院，一所私营的教育机构。王澍的代表作宁波美术馆在竣工两年后，侧翼建筑被改造成一家咖啡馆。众多媒体发文谴责，王澍得知后表示非常痛心，也感到无奈。2012 年王澍获普利兹克奖后，网友及媒体的谴责终于惊动了宁波市规划局，规划局表示将对 "改造" 进行查处。宁波美术馆恢复原貌。

＊3 体育大厦空间分析

1

2

3

4

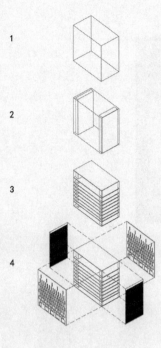

＊4 改建空间分析

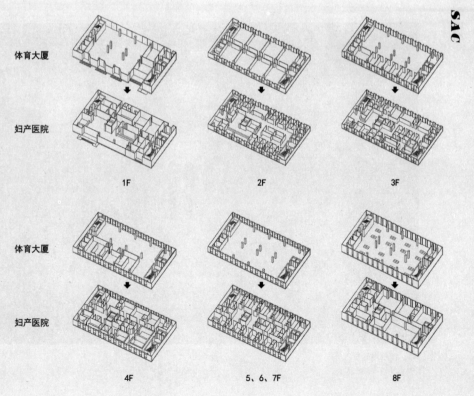

SAC

体育大厦		
妇产医院		
1F	2F	3F

体育大厦		
妇产医院		
4F	5、6、7F	8F

23

＊5 体育大厦室内

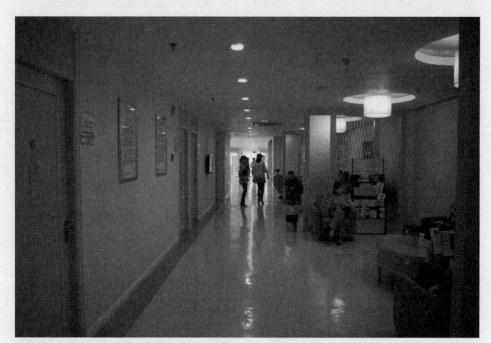

＊6 改建后的室内

SAC

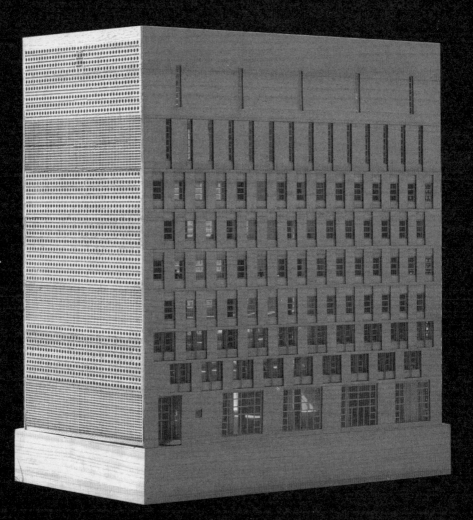

＊7 体育大厦模型

＊8 从南湖公园看妇产医院

SAC

号生命，技术性地延续已然衰朽的物质身体，使其继续服务于环境。相比之下，新建筑改造基本上不涉及美学之类的价值考量，它更接近于对一个刚完成的建筑进行重新设计。它是一次匆忙的调整，强行的修正，突发性的扭转。改造的原因多种多样，大多与利益相关。利字当头（体育大厦正是因为运营不畅成为区政府的财政负担而被改建），美学上的考虑常被置后，甚至不予考虑。这是一种脱离常规的设计，属性难以确定。它既不算新设计，又不算正常改建设计。这也为之带来某种暧昧的色调——它暗含着对项目初始的立项环节的否定。并不让人意外的，项目的局内人（前后阶段的设计师、甲方、院方），都对其态度含混、言之谨慎。似乎这是一件大家心知肚明，但也不宜宣之于口的事情。

　　不管怎样，多方评估下，体育大厦的改建尚属成功。建筑摆脱了"烂尾"的危险，走上新的生存之路。虽然它褪去明星光环，淡出专业观众的视野，不再可能重登媒体舞台——一言以蔽之，失去了"作品"的身份，但与此同时，它也避开了身陷新建筑"废墟化"的泥潭[8]。这种危险并不少见，比如荷兰 MVRDV 小组的名作——汉诺威世博会荷兰馆，十年前它刚落成时风光无限，俨然是"绿色建筑"未来方向的指南针，但数年之后便遭废弃，至今不能启用。体育大厦能够适时变换角色，重新进入市民的日常生活，成为城市机体的活性成分，无疑是幸运的。

　　即使是对原设计者张雷，这一创伤经验

也非那么绝对。"基本建筑"理念留下的方盒子，一个高效的弹性空间，在后续的改造阶段中仍然发挥着重要的作用。它将一个难度颇大的类型转变的问题轻松化解，为建筑适应新的功能赢得宝贵的时间。所以，改造的顺利、新阶段使用的顺利，亦是对"基本建筑"理念的曲折肯定。不难想见，如果体育大厦采用的是附近那些同时出现的新建筑（一湖之隔的"南湖新天地"商业街，不远处的"西祠街区"）的浮华手法——体块变化多端、色彩对比炫目，多余的框架作为装饰，又或者是 MVRDV 小组的荷兰馆之类的时尚"informal"路线，它与妇产医院的严苛功能必将需要漫长的磨合期。对于建筑来说，噩梦还不知何时能结束。

　　不知不觉中，妇产医院已重新融入环境。在俨然一座小城市的南湖新村里，一个房子的内部改造只是细雨微澜，并不引人注意。即使从旁路过，也很难有所察觉。如果不是两年前那一场意气风发的"涂红"之举，它必然会像当事人期待的那样，悄然消失于大家的记忆。现在，从湖边看过来，红色的房子一圈排开，欢乐依旧，热情不减。只是 46 米高的房顶上那排大字"南湖社区体育中心"换成"华世佳宝妇产医院"。这一改变虽然微弱，却扭转了整个场所的气氛——它暗示

SAC

8.　在当下的中国，新建即成"废墟"之势态已经扩大到城市领域。比如近来颇受关注与批评的"鬼城"现象——鬼城蔓延，新城即成鬼域。粗略估计，中国现在已有 12 座"鬼城"。

着，这片红色已是多余，因为其中心已经变质。当下，它存在的意义，似乎只在于向我们证明两年前那一激情动作的无意义。

实际上，那片红色的海洋与张雷无关，甚至体育大厦的红色也是如此。2004 年设计伊始，张雷打算在外立面使用素混凝土材质，以强调建筑的平民品质。这一做法被甲方驳回，理由是素混凝土过于晦暗，这个建筑应该有一个醒目的外表，最好是炫目的玻璃幕墙。张雷以技术为据说服了甲方：体育大厦为东西朝向，大面积玻璃幕墙不符合节能的要求，而且与内部功能相矛盾。两厢妥协之下，最终，素混凝土外墙刷上一层与南湖中学的田径跑道颜色一样的橙红色涂料，以强调建筑所需的标志性。而"涂红"工程从点到面，从一个房子到一片区域，更是超出建筑师的想象与控制，纯然是"大他者"（big other，借用一个精神分析的术语，也即甲方、区政府）执意所为的结果。

环顾四周，2005 年这场荒诞的游戏其实并非心血来潮。它不是建筑的一次虚华的自我表演，或是破败环境（南湖中学）受其刺激之后的歇斯底里症发作；它是有着明确目的的功能性操作，是整个南湖景观更新计划的一部分。

紧邻的南湖公园的规划设计和体育大厦同期启动。2003 年，区政府投入 1.4 亿元资金，邀请加拿大泛太平洋设计有限公司对其进行彻底改造。[9] 2005 年 1 月，修葺一新的南湖公园（生态化的城市湿地公园）向社会开放。湖北面的商业街"南湖新天地"也随即开

工，2009 年建成，完成对南湖景观的合围之势——原体育大厦的"红色"片区在其西侧。

当然，南湖景观区的整治，也非独立的点式环境治理行动。一旦将视角拉高，就会发现，它还是大他者（区政府、市政府）的系列符号布展中的一环。这一符号布展从 2003 年开始，深思熟虑，规模浩大，将整个南湖新村都卷入其中。

符号的失效

南湖新村是一个巨型住宅区。[10] 它于 1983 年动工，1985 年竣工，占地面积将近 70 万平方米（南京老城也不过 40 平方公里），可住约 3 万人、7 千户，是当时江苏省最大的住宅区，在全国亦属翘楚。该社区在设计上可说是领风气之先：匀质的道路网、公共配套齐全、户型现代化（平均单户面积为 53 平方米，而此时南京的人均居住面积只有 4.8 平方米）、建造速度飞快。条形的住宅楼整齐划一、有序排列，一眼看不到尽头，颇似 20 世纪初期德国理性主义建筑师设计的那些现代化社区。[11]

由于面积大、人口多、设计新，南湖新

---

9. 南京市规划局，南京市城市规划编制研究中心．南京城市规划 2004：118。

---

10. 2008 年，我带领两名研究生（张熙慧、刘玮）开始对南湖新村进行全面的调研工作。这是一项多角度、多层面的综合研究。刘玮负责以体育大厦为中心的新建筑改造问题（建筑）；张熙慧负责南湖新村的 30 年变迁史研究（城市）；我统筹全局，研究南京下放户与知青史，以及相关的研究方法。

村蜚声一时，被称为"新兴小城市"。竣工之日，省市级大员都到场剪彩。彼时，南京几乎所有的单位都会设法在新村里分到几栋楼，给幸运的员工居住。人人都以能入住南湖为荣，甚至有"敲锣打鼓住南湖"之说。[12] 这个新村浓缩了全南京的市民，是一个南京的未来版"小世界"。竣工后一年间，国内外代表团来此观摩的达 7 173 人次，甚至还有国家元首到访。[13] 与刚完工时的体育大厦一样，南湖新村是 80 年代南京的城市明星。

转眼 20 多年过去，南京在发展，南湖新村却在凋落。曾经的城市招牌、新生活的象征，甚至是国际输出的样板，现在成了落后、肮脏、贫困的代名词。住宅楼功能老化（住宅设计标准几番修改），市政设施落后（大部分公共建筑都已废弃），居住人口老龄化、低收入化，道路系统拥塞不畅，公共空间混乱无序（违章建筑无处不在）。20 年前，人人争相涌入南湖，现在都以速速离开为幸。如果说，当年南湖新村的象征物是位于中心花园的高达 6 米的汉白玉雕像"母与子"，健康而有活力，那么现在南湖新村的符号是污水塘一样的南湖——它被一圈密密麻麻的棚户包围，工厂污水、居民垃圾都排放于此，夏日里蚊虫乱飞，臭不可闻，让人避之唯恐不及。

2003 年，建邺区政府投入巨资对南湖新村进行整体改造，试图一扫多年的颓废，重振区域活力。"振兴工程"分三部分同时进行：其一，基础设施改造，主要内容为道路拓宽，道路沿线的环境综合治理（沿街建筑立面刷新、店面整顿、布置绿化、沿街商铺招牌整治等），雨水污水管道分流；其二，小区出新，主要是对居民楼进行"平改坡"（平屋顶改成坡屋顶）和立面出新（建筑立面刷白、对破败的围栏和围墙加以修缮），对住宅的设备管道进行更新替换；其三，对重要的（公共）空间节点进行改造和建设，南湖广场、五洋百货、JEEP CLUB（吉普俱乐部）、迎宾菜市场、体育大厦、西祠街区、南湖公园、南湖新天地等空间节点或改建、加建，或新建及拆除后新建，均匀散布在南湖新村的各个位置。

三方面的改造可分为两类：功能性改造和符号性改造。功能性改造是硬件方面的改良：修补环境硬伤，升级居住条件，比如拓宽道路、雨污分流、将煤气管道统一更换为天然气设备，以及迎宾菜市场的改建和整治南湖的恶劣环境。符号性改造的意义更为重大，该项工作全部交给建筑，比如 JEEP

SAC

11. 比如希尔伯施默（Ludwig Hilberseimer）的"机器城市"，密斯在柏林的非洲大街的住宅楼。另外，南湖新村的在城市边缘处建造居住"乌托邦"，也非常类似 20 世纪 30 年代恩斯特·梅（Ernst May）、马丁·瓦格纳（Martin Wagner）、F. 舒马赫（Fritz Schumacher）等人在住宅区（Siedlungen）方面的理念。他们设计的实验性小社区，在都市的边缘处成为一方秩序绿洲，颇有自治意味。

12. 南京市地方志编纂委员会 . 南京城市规划志（下）. 南京：江苏人民出版社，2008：685。

13. 南京市地方志编纂委员会 . 南京城镇建设综合开发志 . 南京：海天出版社，1994：180。

＊9 南京卫星图片，白色块为南
湖新村

＊10 南湖新村现状卫星图

* 11 南湖广场落成实景

* 12 南湖新村, 1985 年

＊13 南湖新村, 1983 年

SAC

＊14 南湖新村, 1983 年

＊15 竣工典礼, 1985 年

＊16 体育大厦附近的"臭水沟", 2005 年曾漂过一具裸体女尸

SAC

＊ 17 南湖新村, 2011 年

SAC

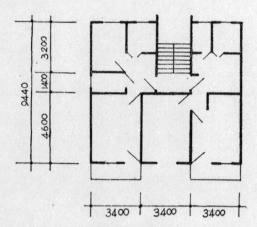

＊18 南湖新村基础户型图

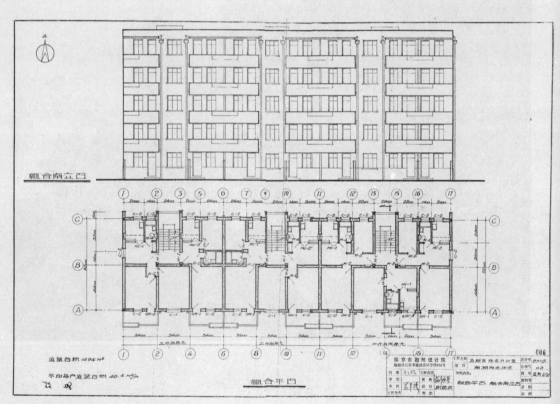

＊19 住宅施工图

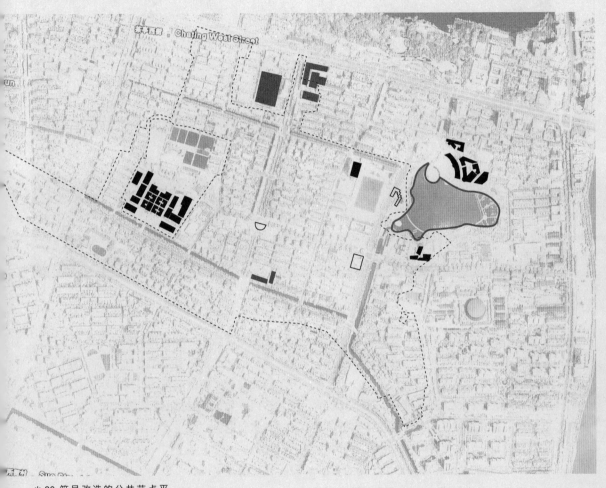

＊20 符号改造的公共节点平
面图

＊ 21 屋顶的平改坡

CLUB 改造、体育大厦新建与西祠街区的拆后新建，以及南湖新天地商业街的新建。它们创造了某种视觉上的心理引导——美化空间形象，赋予其时代感。所以，这些建筑都有新鲜的时尚面貌。另外，这些建筑的使用也有特殊设定（酒吧、体育馆、网吧、特色旅馆、咖啡餐饮），它们是某种现代都市生活的象征，亦是现代南京的象征。它们在该社区里都是首次出现。几年下来，两方面改造的效果逐渐明朗。总体来说，功能性改造大都派上些用场，符号性改造皆告失败。

符号性改造，也即大他者的符号布展，遭遇全面阻击。新介入的空间节点本来应该像注满兴奋剂的强心针，插入都市肌体的血脉交集处，刺激起活力，使其尽快摆脱沉沉暮气，与 21 世纪新南京图景相接轨。但出人意料的是，这些点上不约而同地出现了对抗力——它们瓦解了符号布展的强劲势头，使之消于无形。

第一轮符号布展从体育大厦、西祠街区、南湖公园三个地点开始。西祠街区的"时尚网络牌"介入模式最为显眼。一家投资实业公司在南湖新村南部的原水产研究所的地块上，建起南京首家虚拟社区的实体店——网

＊22 墙面出新

＊23 道路拓宽

＊24 西祠街区，2005 年

络社区"西祠胡同"[14] 的线下实体版，包括餐饮、酒吧、网吧、售卖、客栈、商务等功能，建筑形式花哨，色调鲜艳（红黄蓝绿）、体块多变，青春气十足。2007 年开张之时，借助网络社区的高人气，出现彻夜排队才能租到门面的盛况。不到半年，即人气暴跌，商户纷纷退租。2009 年 4 月 21 日，西祠街区举行"誓师大会"，打出巨大的"我错了"的条幅，主动承认定位失策、经营失败，宣告放弃"线下社区"概念，转型为"创业园"。这一转型并不顺利，运营以来，入驻公司并

不多，大部分空间闲置，只余少量的房间作麻将馆、棋牌室用。建筑的光鲜外表残破不堪，如同废墟。[15] "时尚网络牌"以失败告终。

与西祠街区一样，体育大厦的"体育激情牌"也有不错的开端。它应"十运会"而生，理由充分。[16] 委托知名建筑师打造，进一步提高建筑的品质和宣传效应，理所当然。并

14. 西祠胡同始建于 1998 年，是华语地区第一个大型综合社区网站，经多年积累和发展，已成为最重要的华人社区门户网站。在 2002 年前后，该网站达到人气的顶峰，成为南京现代生活的一个符号。

SAC

＊25 2009 年 4 月 21 日，西祠
街区打出"我错了"的条幅

且，它的存在比西祠街区更具现实性：一则，南京市每一区都应配有一个独立的社区体育中心；二则，南湖新村人口多、密度高，体育设施却极其匮乏，无法匹配社区要求。体育中心的出现，补足了这一多年的遗憾。它与相邻的南湖中学体育馆、足球场，以及不远处的南湖公园一起，恰好组成一个综合性的社区运动空间。老中青三代各取所需：老年人围绕南湖漫步，少年们奔跑于足球场，中青年们进驻体育大厦……大他者的适时介入，更增强其外在的感染力，涂红整个空间界面以营造体育精神的火热气氛。这无疑是一幅理想的图景。只是现实远离梦想，体育大厦启用之后的状况与西祠街区相仿，诸多场馆均乏人使用。两年后的转型虽颇让人意外，但也在情理之中。幸运的是，建筑本身的品质此时显露出优越性，改建的成功为其挽回不少颜面。但这依然无法掩盖大他者的体育符号（"体育激情牌"）布展的失败结局。

第二轮符号布展是南湖对面的"南湖新天地"与南湖路边的 JEEP CLUB 酒吧。南湖公园完工之后，[17] 区政府对原南湖公园规划设计中的商业街又作新一轮设计。该项目被称为"南湖新天地"，约 2009 年完工。由于该地块接近水西门大街，是南湖区域与南京主城的接口之一，所以打的是都市色彩浓厚

——

15. 近几年，西祠街区白天作棋牌室，晚上则被各种小吃摊点占据。2013 年，该街区面临彻底整改，整个街区被围起，有待施工。后续状况如何，还待观望。

——

16. 2005 年的"十运会"对南京意义重大，它是南京新一轮城市建设高潮的契机，旧城更新与新城建设同步进行。借"十运会"之风，当时南京各行政区都以全民健身的名义兴建体育中心，或者将已有的体育中心扩建。除了众多的区级体育中心，南京市还建立了一个市级体育活动中心——南京全民健身中心。在这一潮流之下，建邺区体育大厦的建设被提上议程，并要求必须在"十运会"之前建成，以庆祝大会在南京召开。

＊26 已成废墟的西祠街区，
2013 年

17. 第一轮符号布展中，唯有南湖公园是成功的。"公园建设前，南湖被周边的住宅和棚户所包围，面积日益缩小，周边居民的生活垃圾以及工厂均往南湖投放，湖水日益浑臭。南湖东北边建的别墅只卖 50 万元都无人问津。南湖公园一期建设开始于 1998 年，建邺区政府对南湖西南角进行了改造，修建环湖绿化带，对污染进行了控制，拆除公园西侧违章建筑。2003 年，区政府投巨资对南湖地区进行全方位改造，规划范围达 15 公顷，现有水面约 64 公顷。该设计在南湖北部设置了商业街，东边为花园，南和北分别有两个广场，以弧形栈道相连。北广场与莫愁湖公园大门遥遥相对，中间竖立了标志性的雕塑。主要实施了该方案的公园景观部分，所规划的更大范围的住宅区没有实施，仍保留了原住宅。跃进钢铁厂、鼓风机厂（黑工厂）、南京锻压机械厂、南京制革厂、青少年宫和湖边别墅均被拆除。南湖公园于 2005 年 1 月 22 日正式面向社会开放，2008 年荣获建设部授予的"中国人居环境范例奖"。这是南京第一次获得该奖。"参见张

＊28 南湖公园规划平面图

熙慧硕士论文《南湖新村三十年史》，第 89 页。不过，南湖公园的成功，应属于"自然元素"的成功。似乎只有自然环境方面的投入，才能在南湖新村里获得认可。不过即使南湖改造顺利，极大地改善了环境，为居民带来福祉，我们也不应该忘记，整治后的南湖水面面积大幅缩减。比较几张不同时期的卫星图片即

可知，湖面面积至少缩小了二成。在很多南湖居民眼里，它太小了。"哪叫 lake，只算 pool。"见：张熙慧编．南湖新村／记忆地图。实际上，在南湖新村建造前，南湖的面积约为莫愁湖的一半，非常之大。

的"小资生活牌"。玻璃幕墙、金属杆件、石材贴面、户外旋转楼梯等时尚元素一应俱全，入驻的商家有"阿英煲"、"蓝湾咖啡"、"刘一手"等中高档餐饮店和一家情趣商店。但是，启用之后人气凋零，生意惨淡，北广场一面的商铺无一成功出租。由于该区的消费力低下，"小资生活牌"不受待见，这不难理解，只是失效速度如此之快，仍出乎大家的意料。

唯一没有一触即溃的新符号布展的据点在 JEEP CLUB 酒吧——"欲望快感牌"。这里原是南湖电影院，南湖新村将近 20 年来唯一的娱乐场所，南湖居民唯一的精神粮食，该社区唯一的欲望之集体出口。它还是南湖新村的重要符号——在南湖新村最早一批宣传册中，它位列其中。2000 年前后，电影院经营不善，倒闭了。后来被承包作为艳舞厅、游演团体的表演厅，声名狼藉，每况愈下。江苏光阳娱乐有限集团公司和香港影星成奎安合资 3 000 万元将之挽救，改造成南京最大的夜总会。这是一个酒吧、演艺、KTV 的综合体，总面积为 3 800 平方米，2007 年投入使用。其设备一流——采用美国拉斯维加斯式的演艺视觉模式，拥有世界顶级的音响设备，以及与国家大剧院相同的舞台设备和机械装备，激光灯为美国军用激光器，LED 显示屏高达 7 米，面积 160 平方米（华东地区最大）。2007 年 12 月 22 日酒吧开业，门口拥堵了 3 000 多人，现场几近疯狂。这是南湖新村自建成以来吸引外人最多的一次。

JEEP CLUB 的运营很不错。陈小春、费翔、杜德伟等演艺名人纷纷到场助兴。很快，

SAC

＊29 南湖新天地, 2012 年

SAC

* 30 JEEP CLUB

它就与"1912"酒吧区并称南京两大夜生活圣地，在活力上甚至更胜一筹。可惜，好景难续，变故陡生。两年后（2009年），核心人物成奎安去世，酒吧生意渐趋下滑。2013年年初，区政府决定将南湖电影院彻底拆除，重建一幢80米高的19层大楼——综合型文化娱乐中心。[18]"欲望快感牌"来得火热，去得传奇。它是自2003年以来符号布展系列中最富戏剧性的一环，也是其全面溃散的最后见证。

记忆的回返与弱者的游戏

为什么这一轮符号布展（"时尚网络牌"、"体育激情牌"、"小资生活牌"、"欲望快感牌"）会接续失败？它由大他者倾力为之，既不乏资金支持，又合乎时代潮流，且路数多样，得各方精英（时尚界、设计界、商界）鼎力相助，理应有所作为。是因为南湖新村落后时代太久，已迟钝到不知该如何消化新事物？难道这里只有中老年人居住，他们无法适应这些符号所意指的青春生活？或是这一符号布展过于虚浮，只是应时之作（2005年的"十运会"及2014年的"青奥会"都在南京举办，主场馆也同在离南湖不远的奥体中心），只是一个徒有其表的幻象，在遭遇残酷的现实后自然烟消云散？又或是传闻中的大他者其实意在言外，点式的符号介入只是试探，后续的地产大开发才是正题？

种种可能的原因都指向一个现实。无论怎样，这一68公顷的超大空间区域已经具有某种整体性。它像人一样，有结构有序的

物质身体，也有讳莫如深的精神世界。那些空间节点的强势介入，触动的不是什么"沉睡的激情"，而是其精神世界的某些晦暗地带——创伤记忆、黑暗经验……它们遭遇到的抗力，或许正是某些已深深埋藏的隐秘情感被拨动之后，身体的本能反应。

南湖新村确实充满了难言的记忆。20年里，10余万人生活的点点滴滴都集中在这个巨大的容器里。它们融合成一个密实的记忆体。并且，这一记忆体与普通的大型住区（比如南京在此后10年间完成的100多个居住小区）不一样，它一开始就被烙上独特的时代印记——下放户。这是一个特殊时代、特定地域的产物。他们是南湖新村产生的肇因，也是它的主要使用者。7000户住区居民中有一大半（约4000户）为下放户。

20世纪60年代末，南京突然掀起一场"人口下放运动"。一声令下，全市紧急动员，短短两个月里，10余万人在一片喧天锣鼓声中离开古城。水陆两路并进，陆路是汽车，水路则以汉中门外石城桥下的码头为集散点。那段日子里，从石城桥至石头城一段的秦淮河上，停满了从苏北各县来接下放人员的帆船。船上红旗招展，贴满了革命标语。河边有穿军大衣、佩戴"文攻武卫"或"民兵"红袖套的纠察队员维持现场秩序，气氛肃杀。

对于南京，下放具有一些特殊含义。因为，除了知识青年和下放干部这两种普遍的

---

18. 数月后，该改造方案又有调整，高度降低，以符合不远处莫愁湖景区周边建筑限高的条例。

类型之外，南京还有第三种下放人员——下放户。他们人数众多（数万人，24 000 户），占下放人员总数的一大半。他们全家老少，带上零零碎碎的全部家私，甚至猫狗家畜，与知识青年、下放干部一起，被下放到苏北 13 个县的农村，"接受贫下中农的再教育"。

70 年代末，下放人员开始陆续返城。南京市区顿增十数万人口（下放运动后，南京市区人口曾降到 103 万）。下放干部与知识青年都有单位和政府安排工作、住宿，唯有下放户是真正无家可归，由于是全家下放，他们当年的住房已被别人占用。当时的权宜之计是，市政府在全市所有大街小巷（除了几条主要街道之外）的一侧，以及城墙两侧搭建防震棚，以供这些回城人员临时居住。这类临时住房（即贫民区）多达 10 万平方米，遍布南京。[19]防震棚内部生活条件极其恶劣，又将大量公共场所（街道、绿地、城墙）圈为私人所用，令城市的交通、卫生、安全隐患不绝，令其他市民的生活大受干扰，甚至连重要的南京标志明城墙也大受破坏。[20]放眼看去，棚屋遍布，污水长流，臭气弥漫……古都南京触目惊心。

为了应对这一迫在眉睫的问题，南京市规划部门提出"回宁居民住房建设用地安排意见"，除将钟门外、方家营等地选作临时简易住宅外，还在近郊的安怀村、东井村、五贵里、石坎门、凤凰西街、南湖等地规划了一批标准不一的住宅区，计划容纳半数以上的下放户。1982 年 5 月，市政府征用雨花台区江东公社南湖以西 65.5 公顷土地，拆除房

屋 21 451 平方米，拆迁农户 525 户、892 人。组织 17 个区、局（公司）联合参加南湖建设，向社会各方面筹集建设资金 7 000 万元。[21]三年后，南湖新村一期完工。1986 年 1 月 6 日，《扬子晚报》的头条新闻题目为"'下放'遗害今扫除，几千人家迁新居——本月中旬前南京多数下放户将拿到新房钥匙"。"新居"即指南湖新村一期，它安置了最后一批下放户。

在下放大军中，相比知青和下放干部，下放户的境遇最为不堪。他们的成分很复杂，有工人阶层（很多工厂有近半数工人下放）、军人、个体劳动者、无业人员，也有知识分子。当时南京几乎所有单位都有下放户，由下放户所在地段和所在单位的"革委会"共同决定。下放干部与知识青年都有一定的经济保障，前者是带薪下放，他们的乡下生活相对

19. 薛冰 . 南京城市史 . 南京：南京出版社，2008：112。

20. "'文革'结束后大批知青和下放居民返城，尤其是下放居民多已失去原居住房而无家可归，当时为解决他们的居住问题，遂沿城墙建造了大量简易住房，甚至在城墙顶部建造房屋、铺设管线、种植蔬菜。市民和近郊农民随意取用城砖更是司空见惯。有人下班用自行车带两块城砖回家，三年坚持不懈，竟建起一间房，成为那个时代令人欣羡的美谈。明城墙的保存状态，在 1980 年前后达到最为恶劣的低点。"见：薛冰 . 南京城市史 .112。

21. 桑松禄 . 南湖新村——江苏省最大的住宅小区 . 江苏经济年鉴，1986（1）：46。

SAC

三、凡劳动局一级公司系统的下放回宁职工住房,主要
由各系统自筹建房和在建住宅中适当排解决。

四、

五、下放回宁人员建房补助费,系前市作为一次性补助款,定综合
各区房的助力统筹安排,但建筑标准,一般不得超过地方
民用建筑标准,以不进行监督检查,不许某某建...增拨,并
注意充分发挥资金的效益。我市专题向市委,附该局上报
工程进度和资金使用情况。

六、建房所需钢材、木材、水泥及地方建筑材料,由物资的
按实建下配套供应。
各区,负责建房面积,补助资金,详见附表一、二。
附表一
一九八二年区下放回宁人员建房计划表
建邺区 建筑面积 20000㎡   补助资金 120万元

南京市计委会
南京市基本建设委员会   (通知)
南京市财政局
南京市物资局

宁计基字(82)167 号
宁基住字(82)88 号
宁财预字(82)200 号
宁物计字(82)94 号

关于下达一九八二年下放回宁人员建房计划的通知
各区人民政府、各有关局、市开发公司
一九八二年,省、省革命补助下放回宁人员建房资金1020万
元,除八一年已下拨补助200万元外,尚有820万元,现将规划指
标如下:
一、商下、...和大厂三区安排建房23550㎡,补助169.35元,
由区负责建设。

二、玄武、秦淮、建邺和浦口四区,安排建房30000㎡,补助
430.5元,其中玄武、秦淮和建邺三区回宁土地,另分加
...素材,双杯尚...区联合开发。

* 31 回宁人员建房计划

* 32 南京知青

* 33 "知青之家", 牛首山

SAC

村民比较优越，后者有家庭做后援。下放户则是既吊销城市户口，下放后也没有工资，他们和当地农民一样靠挣工分吃饭。庄稼之事本来就很辛苦，又要养活老老小小，生活的困苦可想而知。他们无声地承受着时代巨变带来的后果。

30年匆匆而过，这些知青因为年轻，又有文化，如今很多已成为社会成功人士。他们的故事也随之广为传播，知青由此成为重要的文化符号。它是诸多媒体（影视、文学、报刊杂志）钟爱的主题，以及学术讨论的热点——目前，"知青学"概念已成学界共识。[22] 即使没有经历过那个时代的年轻人，对之也并不陌生。下放干部的情况与之近似，只是影响力较弱。

知青的记忆已转化为正式的历史，现在已有相当数量的"知青史"类著作面世，南京的知青是其中不可缺少的一章。[23] 相比之下，下放户们的记忆只停顿在记忆本身。它们太平淡，毫无形式感——没有诱人的青春元素，没有鲜明的群体面貌，没有跌宕起伏

的内容。它们太卑微，毫无兴奋点——没有学术化的可能，更缺乏向文化符号转换的经济动力。甚至它的源头都是含混不清的。在全国都在办五七干校、开展知青上山下乡运动之时，唯独江苏省大力推广全家下放（它颇有地域色彩），并把无业居民和个体劳动的居民的下放，进一步扩大到属于国家编制的工人和干部的全家下放。[24] 一夜之间，数万人从普通市民变成农民，10年后，他们又重新成为市民——没有工作、没有住房，甚至

22．最近，"知青文化节"、"知青旅游网"之类的副产品层出不穷。

23．著名的《知青之歌》即由南京知青任毅所做。作者因之入狱，列入死亡名单，在枪决前夕又因当时的军区司令员许世友拨乱反正而逃出生天。该作者曾身登谈话节目"鲁豫有约"，面对世人再作浪漫追忆。

24．其时北京等城市也有下放户现象，但数量并不多，都无法与南京全城规模的下放状况相提并论。

没有亲人。他们莫名其妙地成为一场灾难的主体，随后又被遗忘。[25]

记忆还是有的。它们保留在个人的回忆中，也保留在南湖新村这样的社区之中。南湖新村是对历史错误的补偿。它是下放户这一独特群体的保护层——那些曾经的工人阶层、无业人员回城之后的生活大多艰难。幸运的是，还有一个空间可以容纳他们。南湖新村是他们的居所，也是他们的"世界"——它的范围之大、设施之全，堪比一个独立王国，足以让他们安心度完余生。他们坦然接受了自己的命运。外面的世界他们已无力适应，所拥有的，只剩这个"新村"。[26]

20 年来，南湖新村貌似衰落不止——当年引领时代潮流的现代主义风格已经荡然无存，干净、纯粹的板式住宅楼被日常生活的小零碎彻底市民化，宽敞、笔直的街道被各种自建围墙和小院子侵占，变得狭窄混乱。"新兴小城市"不知不觉中退化成一个毫无识别性的普通住区，但实际上它还保持着令人惊叹的稳定性。房子还是那样（只是挂满了空调外机、晒衣杆之类），空间的格局无甚变化（只是街道边停满了汽车）。甚至居住者也没什么变化，直到 1993 年住区里才逐渐出现人员流动，到 2003 年迁入迁出才多了起来。最近一两年，人员流动速度才到达高峰。而且，总的来说，下放户和拆迁户所在的小区流动量最小。[27]

稳定性是一种内在的秩序。下放户们（还有其他社区居民）不遵循外部世界的规则，按照自己的节奏随心所欲地生活。这里有最随

意的行走方式。南湖新村内部的街道本来是居住区内部街道，以前车辆很少，居民走在路上如同走在家里。后来这些道路渐渐地成了城市道路，到 2003 年前后，路口安上了红

—

25．关于下放户问题的研究（历史、文化层面），极其鲜见。即使是普通的报纸类新闻报道，也极少涉及。它们只以只言片语的零散形式出现在一些寂寂无名的书籍里，更多地则存在于家庭内部的共享记忆中。就我所知，南京作家韩东的某些小说（比如《扎根》）对之有较为细致的描绘。当然，那属于艺术创作的范畴。不过书中的描述笔墨颇重（下放户是"不为人知不为人见"的一群），大概是由于其父亲曾是下放户中一员的缘故。

—

26．相对于下放户记忆"空间化"的被动、内向、私人、沉默，同为"下放伙伴"的南京知青的记忆"空间化"完全相反：主动、外向、喧嚣、充满快乐。南京市郊的牛首山上有一个知青自行建造的"知青之家"（一个面积颇大的院落），它既作知青往来联谊集会之用，也接待各方媒体及研究者，甚至国外的学者也常来此处。此外，它还辟出专门的房间陈列相关的纪念物，一个标准的纪念展览空间。个体记忆主动向大历史转化。它甚至进化为一种新型的社交网络，与当下的社会接轨。

—

27．从 1993 年开始，单位职工较多的小区买卖房屋与出租的情况渐增，下放户多的小区较少，拆迁户多的小区人员流动最少。以利民东村的 7 幢楼为例，其中一个单元 10 户当中，有 4 户最早的居民已经搬走。车站村是第二轻工业局的职工宿舍，原居民有一半已经搬走，其中 1 幢楼 15 户中搬走了 5 户，算是搬走居民较少的楼栋。康福村和利民村有 60% 左右的下放户，现在出租的房屋很多，占 1/3。湖西村基本全是下放户，现在还有 70% 左右的原住民尚未迁居。

绿灯。可是这没有改变居民们的行走习惯，他们依然在大街上闲庭信步，视红绿灯于无物。"这里的人和狗走路都是直冲冲的。"这也催生出全南京最疯狂的公交车——南湖新村的13路公交车，车速奇快，拐弯不减速，随时疾驰急刹，乘客如坐过山车，刺激无比。两种速度随机叠加，蔚为壮观。这里有最普及的娱乐活动——打牌。"南湖百分之七八十的人都打牌"，他们在所有的地方打，广场上、道路边、文化馆、西祠街区……其他的人则在一旁跳舞和遛鸟。这里有自己的集会——（全南京绝无仅有的）"千人大会""七点钟牢骚亭"；这里有最混杂的公共空间——南湖广场，它是南湖新村的中心，汇聚了所有形式的娱乐活动，被称为"下放户的客厅"；这里有最复杂的街道景观——除了无处不在的牌局之外，还有当街吃饭、路边理发，电线杆下系着山羊……这里还有自己的符号系统和暗语——"一号路""大圆圈""大澡堂子""小百花""刘长兴""三步两房""阴阳墙""地雷砖""红房子"，等等。

这个本来由理性、秩序、匀质空间所构成的现代主义社区，被居民们的身体逐步吞噬，成了一个无序的乐园。或许，在他们的潜意识中，这个乐园自给自足，无需改变，时间最好能够停止下来，只属于自己。"南湖新村的人们穿着类似的衣服，脸上流露出类似的神情，聚集在一起活动。他们在南湖广场举行千人大会，立于道路中央围观小贩，排排坐在街边观赏路人，侧耳倾听陌生人的谈话……"[28]

这一稳定性看似自足，其实脆弱不堪。就像那些记忆主体，任何外来的冲击（一则小道消息，一句戏言）都会让他们紧张不安，甚至引发集体性癫狂。笔者的学生在调研时曾向居民透露"政府将在几年内拉直文体路"这一消息，顿时在居民中引起连锁反应，恐慌一片。[29] 她在另一次调研中告知某住户，他所居住的楼房建造时仅花了两个月的时间（其实对于规模有限的预制住宅楼来说，这很正常）。该居民立时奔走相告，导致整楼的住户惶惶不可终日，唯恐房子哪天会自动垮掉。他们如同帕特里克·聚斯金德（Patrick Süskind）小说《鸽子》中的那位男主角，整日生活在精神高度紧绷的状态，无法承受丝毫意外变故。最后，他被一只飞来的鸽子活活吓死。

无序的秩序、内在的协调、独立的世界，一切只为不惊动该社区的初始记忆——下放户的集体记忆。他们对空间的改变有着深深的恐惧，因为这个空间是对他们的记忆，或

—

28. 参见张熙慧. 南湖新村三十年史. 硕士论文，107 页。一般而言，进入南湖新村的主要通道，在其北边的水西门大街和南边的集庆门大街。无论走哪一边，都能感受到这一区域和外围气氛的微妙差异。虽然没有实体的围墙作分界，但是它确实像"另一个世界"。曾寓居南湖新村的作家朱文写过一篇关于南湖广场的短篇小说《没有了的脚在痒》，对此有相近的描绘——"在我的印象中，南湖广场就是这样一个闪耀着麻将精神的地方，懒懒散散，怡然自得。"载于《大家》，1995 年，第 5 期。

—

29. 张熙慧. 南湖新村三十年史. 硕士论文，109页、125 页。

* 34 路边打牌

* 35 路边理发

54

＊36 "下放户的客厅"

者说脆弱的精神世界的最后保障。两者已经合为一体，难分彼此。这是一种不可符号化的空间，正如其初始记忆是一种不可符号化的痛苦。2003年开始的那一系列符号布展，触碰的正是这一敏感神经（用精神分析学的术语，那就是"情感原质"被侵扰，"实在界"被打开）。体育大厦、西祠街区、南湖新天地、JEEP CLUB的强势介入，看似大他者的善意之举（丰富居民文体活动，提高消费质量，诸如此类），本质上却无异于侵略与攻击。下放户们所熟悉的空间界面被改变，平静生活遭破坏，自我建构的精神世界（亦是一种幻象结构）轰然坍塌。

大他者的计划不可阻挡，下放户们亦有应对之法。当新的房子（新主体）进入时，原有的主体（环境）随即与之对调身份，自行转变为他者。这是一个迟钝的、没有欲望的、空洞的他者。它对自己的"弱者"身份了然于胸。它用惯常的身体活动、言语交流制造出一种愈怠的氛围，有意无意地割除了与新来者的联系——既不接受，也不拒绝，视作盲点，让它们被孤独所包裹，悬置在某种真空之中。体育中心，基本就是个"废楼"（改成妇产医院？那也一样）[30]；西祠街区，是个"很神秘"的地方，只感觉那里有很多棋牌室，时常"甲醛飘香"；南湖新天地，在所有人的印象中都是空白，"好像那边的停车场很大"；JEEP CLUB，那是外面的人来玩的地方。[31]总之，它们虽然在这里，但和"这里"没有关系。

新来者由此陷入焦虑。它无法和这里有所交流，获得认同（哪怕是回应），即便是广为人知的JEEP CLUB，大家也只津津乐道"大傻挂掉了"这一轶事。它们肩负的使命无法实现：既难以与大他者继续已有的利益契约（开发、投资需要经济上的回报），也无力完成大他者的符号委托（最起码也要让南湖地区在视觉上与时俱进）。契约失效，委托失败。新来者只剩下一副空壳，像一叶孤舟被抛在这片沉寂的海洋上，无奈地看着自己慢慢死去。

这就是环境的技术，弱者的游戏。它将自己退隐到几近不存在的地步，以让大他者的欲望落空。大他者的代言人（那些新介入者）由此产生的焦虑，正是环境所乐于看到的。或者说，它享受着大他者的这一焦虑，因为焦虑的承受者本应该是它自己。它本来是被试探者、被观察者，现在成了旁观者；它本来是被侵略者，现在成了布局者。这些本来会带来致命伤害的符号入侵，被转化为隐秘的快感——看着大他者的代言人们从

---

30. 在调研中，体育大厦在居民记忆里基本为空白。这个耀眼的"红房子"的名字还在，只不过居民们口中所传、所指的是体育大厦边上受"涂红"影响的一座普通的四层小楼房，那里有很多棋牌室。

31. 南湖新村有其秘密的"欲望快感"地图。南京有"三步两桥"之称，南湖人将之改为"三步两房"。基本每个小区里面都有洗浴房，白天毫无征兆，到了夜里就有幽幽的红色光线散出。路边的小纸条上写着"二十块钱六十分钟，最低消费最高享受"。在调研中，笔者曾听到南湖边上模样像是高中生的男孩们商量交换手上的"货"。

踌躇满志到彷徨失所，到焦虑不安，再到歇斯底里，最后黯然退场。在这个变态的窥视过程中，它让自己成为一个彻头彻尾的受虐狂。

2003 年以来，西祠街区一改再改，其衰落似乎没有尽头；南湖新天地，一出现就成废墟；JEEP CLUB，如烟花般一闪即逝，已成传说[32]；体育大厦，被改造为妇产医院，目前尚属良好，有待观望。南湖新村这个二十年来静如止水的化外之地，被弱者们布置成一个舞台，上演着受虐狂的戏剧。他们用自己的方式操纵着这场游戏，与大他者的"大计划"相抗衡。这是极弱与极强之间的对抗。十年已过，这一轮角逐的胜利者无疑是下放户们，也即"作为受虐狂的环境"。在所有参与者都失望沮丧的时候（无论是幕后的大他者，还是台前的演员），只有它获得了快感与满足。并且，透过台前演员的窘境，它还含蓄地向大他者发出警告：这里并非（大他者自以为是的）公共空间，它是私人领域，任何形式的入侵，都需付出代价。

尾声

当然，就此认为游戏已经完结，还言之过早。极弱方的胜利，是因为记忆主体尚在（下放户们大多还在世），才使得"受虐"战术得以顺利进行。受虐狂的戏剧上演的舞台，正是他们的集体记忆的空间化结果。再过几年，待到他们走完人生最后一程，情况必然大有不同。目前来看，大他者的"大计划"不会就此止步。城市更新的洪流已经不可遏制地蔓延到南湖。[33]后续的开发计划蓄势待发，一波波跟进。而在下放户的记忆连同他们的身体一起离开之后，空间"结界"（舞台）也将随之消失，无论是弱者的游戏，还是受虐狂的戏剧，都必将难以维持。到那时，南湖新村将逐渐分解，不复存在。[34]

---

32. 对南湖居民来说，JEEP CLUB 与大傻之死是一项特别的集体记忆。只要问到 JEEP CLUB，大家都是情绪高涨，然后就是一句"大傻已经挂掉了"。但是，这个地方基本上是南湖人从来不去的。

---

33. 实际上，城市更新已经在悄悄地进行清理工作。2005 年对湖西路两侧环境进行综合改造，拆除湖西小区的居委会和部分住宅，1 号楼和 11 号楼两整栋被拆除，6 号楼和 9 号楼均拆除了一半。湖西小区的地理位置在南湖新村的最边缘，最初入住的居民几乎全是下放户，经济条件较差，目前小区中的低保户和边缘户就有 100 多户。虽有抗争，但是均无声地消逝。另一端的西街头小区面临着同样的问题，但是由于该小区建于 90 年代末，较新，居民多为普通单位职工，力争拆迁成功，在南湖居民口中传为"西街头小区大战文体路"。

---

34. 从最新的谷歌地图上看，南湖新村与南京城市的肌理已经完全衔接，边界相当模糊。

SAC

57

The Environment as Masochism

Hu Heng

In October 2005, an orange high rise – Nanhu Community Sports Center, also called Sports Tower, was finished near Nanhu Lake, facing the calm water. It stood out in the crowd, 46.5 meters high with 9 stories, much taller than the old-fashioned residential buildings with 5 or 6 stories around. Extremely dazzling under the blue sky, its orange external walls were made even more stylish with silver perforated metal decorated on both sides. When the Sports Tower was finished, the authority of Jianye District was rather satisfied, ordering to paint orange all the adjacent buildings, large or small, inclusive of teaching buildings, office blocks and gymnasium in Nanhu Middle School, and a 4-story tiny building along the street.

From Sports Tower to Maternity Hospital

Designed simply and reasonably, Sports Tower made full use of the area within planned red line, which also helped determine its outline and east-west direction. The layout was quite clear – in the shape of a standard rectangle, with staircases, washrooms and air-conditioners fur-

nished at the north and south ends, leaving the central part for its main function. In a fairly direct way, the architect partitioned the building functionally: each floor had its own purpose, namely, the lobby and store took the first floor (5.4 meters high), the second floor was used as office area (3.6 meters high), from the 3rd to the 7th floor scattered various kinds of fitness rooms (equally 4.5 meters high), the ping-pong room was on the 8th, and the top floor, the 9th, was taken as badminton hall (9 meters high). Each floor had the same built-up area yet differed in height, which contributed to the variation of windows on the outside. Perforated metal covered both the east and west sides of the building, ingeniously screening the air-conditioners and auxiliary rooms.

The building adopted ordinary reinforced concrete frame structures, with its traffic core made in barrel shape. The dominant hue of external walls was orange, whereas the recessed parts around windows were painted yellow, standing out as a strong contrast. In general, this building was quite "a good buy", with clear functional partition and an appropriate form. Jianye District Government's exaggerated way of acceptance – painting all the surrounding buildings in the same color – proved the design a great success. Nevertheless, two years later, in 2008, the very Sports Tower was unexpectedly transformed into a five-star private maternity hospital, Hscybele

58

Obsterics & Gynecology Hospital.

This thorny conversion was finished successfully from the view of design, though the functional requirements of Sports Tower and a maternity hospital were in stark contrast. The project was entrusted to Dazhou Design. In the eyes of Dazhou designers, it was an easy job: the Sports Tower had an elastic spatial structure, with scales and grid system fitting evenly into the new requirements. First, story height standards of Sports Tower and the hospital happened to coincide, the demanding height of operating rooms and the like could be easily met. Second, the original design of servicing space and serviced space, together with a module of 3×3 meters, greatly supported the new project. Third, the structure of Sports Tower could also cater to a hospital's common double-corridor layout and scale requirement, as long as a few adjustments were made. In a word, the orange building was well suited for the maternity hospital's complicated functional requirements. The only obvious adjustment was made in vertical traffic system – two medical service elevators were added in the center to facilitate transport and clean-dirt partition. Eventually, apart from a newly designed entrance, the building maintained an appearance just as before.

Hscybele Obsterics & Gynecology Hospital has been operating smoothly. In 2009,

a set of reformation measures were put into action in order to meet the JCI Standard – besides improvements in daily operation, the built-up area was enlarged, adding two floors, the 7th and 8th, which in turn greatly fortified the initial functions. On December 17th, 2010, the hospital got the approval of JCI, being the first one in Jiangsu Province to gain the honor.

It was a successful transformation in many ways. The building was breathed into a new life, though not as conspicuous as before, triumphantly eluding the risk of being deserted – MVRDV's well-known work, the Dutch Pavilion in 2000 Hanover Expo, once as the weather vane of green building, was abandoned only a few years later. Fortunately, Sports Tower changed gears in time, re-entering into people's daily life, thus turning into an active element of the city.

Symbols in Vain

Gradually, the hospital fitted into the new environment. Nowadays, in Nanhu Settlement, which looks like an independent small city, local residents would pay little heed to a single building's inner reconstruction, not to mention the passers-by. It could fade easily from public memory, were it not for the official action of painting the neighborhood orange in 2005. Today, viewed from the lakeside, those orange

SAC

buildings are still striking. On the top of the 46-meter-high building, a new sign board which reads "Hscybele Obsterics & Gynecology Hospital" displaced the old one with "Nanhu Community Sports Center." Though not obviously, this displacement changed the whole tone, which implied that the orange atmosphere, having lost its original meaning, was redundant, whose existence only proved its absurdity.

Indeed, the "orange sea" in the neighborhood had nothing to do with the architect, so did the orange hue of Sports Tower. At the beginning of the project in 2004, the architect's initial design actually promoted a plain concrete for external walls, aiming at a down-to-earth feature. This proposal was rejected by authorities of Jianye District, who insisted the building should be imposing, dazzling glass walls were far better than those of plain concrete. Given the east-west direction of the architecture, a large area of glass walls were in conflict with energy-saving requirements, moreover, internal functions could be consequently impaired. Through negotiation, the plain concrete external walls were finally accepted, but had to be painted orange, the same color with the running track of Nanhu Middle School, so as to highlight the new building as a landmark. However, the expansion of the "painting project," from one building to a neighborhood, completely beyond the architect's imagination

or control, was a sheer unilateral proposition of "big other" (Lacan' psychoanalytic term, here it refers to Jianye District Government).

In fact, the alteration of Sports Tower was not made on the big other's whim. Looking around, we could sense that it was an operation with clear goals, namely, a step of the renovation plan in Nanhu landscape area since 2003.

The planning and design projects of Nanhu Park and Sports Tower were launched simultaneously. In 2003, with an investment of 14,000,000 RMB, Jianye District government commissioned PDG International to reinvent Nanhu landscape area. The nearby factories, Children's Palace and villas were all demolished. In January 2005, a newly renovated Nanhu Park – an ecological wetland park in Nanjing city – was opened to public. Subsequently, Nanhu Xintiandi, a new shopping mall in the north of Nanhu Lake, was started construction and completed in 2009.

It's conceivable that the reformation of Nanhu landscape area was not an independent action. From a high level, it could be perceived as part of the well-thought-out, large series of symbolic acts, involving the whole neighborhood, by the big other (Jianye District Government and Nanjing Government).

Nanhu Settlement, started in 1983 and finished in 1985, was then the biggest neighborhood in Jiangsu Province, covering almost

700,000 square meters that could accommodate 30,000 people, or 7,000 households. Renowned for its spacious living area, large amount of inhabitants and trendy design, Nanhu Settlement was then honored as a "boomtown" in Nanjing. On the day it was completed, a host of provincial and city officials attended the ribbon-cutting ceremony. At that time, it was a glory for Nanjingers to be a resident in Nanhu Settlement – there's a saying that goes, "Bang the drums and sing songs, celebrate moving into Nanhu Settlement." During the year after its completion, 1,713 people from home and abroad were magnetized to pay a visit.

Nevertheless, in the past two decades, when Nanjing city was experiencing a vigorous development, Nanhu Settlement was, on the contrary, in sharp decline. Yesterday's city landmark, symbol of new lifestyle, and model of international communication, has become today's synonym for "backward," "filthy" and "impoverished." The degenerative function of residential buildings, creaking infrastructure, aging and low-income tendency of residents, frequent traffic jams and chaotic public spaces – all these led to a tide of moving out today, which contrasts sharply with the bustling scene twenty years ago when people competed to move in. If the 6-meter-high marble statue in the central park, named "Mother and Son," could be viewed as a token of Nanhu Settle-ment formerly, then the heavily polluted Nanhu Lake, surrounded by slums, haunted by sewage and litter all year round, mosquitoes' paradise in summer, is probably the brand new tag.

In the year of 2003, heavy investment was made in reformation of Nanhu Settlement by Jianye District Government, aiming to revitalize this district. The project was divided into 3 parts that were carried out simultaneously: a) Renovation of infrastructure. Specifically, widening the roads, harnessing roadside environment, and establishing separate sewer systems for storm and waste water were included as the chief assignments. b) Reconstruction of residential buildings. The task mainly referred to converting flat roofs to sloping ones, painting external walls white, as well as replacing pipe lines. c) Reformation and construction of significant public spaces. The projects of Nanhu Square, Jeep Club, Sports Tower, Xici Street, Nanhu Park, Nanhu Xintiandi and the like were involved in this part.

Those 3 parts could be divided into 2 categories: the functional reformation and symbolic reformation. The former was primarily focused on upgrading the existing facilities – for instance, widening the roads, building respective sewer systems, replacing coal gas pipe with natural gas equipment, reconstructing Yingbin Market and cleaning up Nanhu Lake – so as to improve living conditions, whereas the symbol-

SAC

ic reformation centered on the visual effect, i.e., to beautify the space and make it chicer. The construction of Sports Tower, reconstruction of Jeep Club and Xici Street just belonged to this type. However, the past several years proved that the functional reformation was still, more or less, practical, while the symbolic efforts fizzled out one after another.

As a matter of fact, the symbolic acts, or symbolic reformation, of big other were severely frustrated. Those newly-built public spaces were supposed to be a shot injecting in the intensive vessels of the city, which should relight its flagging spirit. Nevertheless, it hit us unexpectedly – those spaces, of one accord, met with a set of resistance which gave them a deadly blow.

Sports Tower, Xici Street and Nanhu Lake were where the first round of symbolic acts begun. Xici Street, which played the e-life card, was the most conspicuous one. Located in the south of Nanhu Settlement where a fisheries research institute formerly stood, and started by an investment company, Xici Street was the first concrete embodiment of a virtual community – Xici Hutong – in Nanjing. When it first opened, due to Xici Hutong's immense popularity, people had to queue through the night in order to rent a storefront. However, the spectacular didn't last long. Two years later, another tide of cancelling leases sprang up. On April 21st, 2009, Xici Street held a confer-

ence, draping a huge banner reading "We Were Wrong," announcing to abandon the idea of "offline community" and plan to transform into an "innovation park." It was, alas, an unfruitful transformation. In the following years, only a few companies were attracted, with most of the space idled, and a few were used for Mahjong parlors as well as chess and card rooms. The once-shiny-and-chic appearance was becoming tatty.

Just as Xici Street, the Sports Tower, which played the fitness card, also had a good start. Entrusted to a famous architect to secure the quality and publicity, it duly filled the gap in the populous and densely inhabited Nanhu Settlement where sports facilities were in short supply. As a result, Sports Tower, Nanhu Park, as well as the gymnasium, football field of the adjacent Nanhu Middle School, formed a comprehensive space for sports in the community, which was then painted orange by big other to create an enthusiastic ambience of sports. Yet it was the same story – since the Sports Tower opened, a good deal of fitness rooms lied idle. The conversion into a maternity hospital two years later, though making sense and partly redeeming the honor, could not cover up the failure of big other's symbolic act.

Nanhu Xintiandi, making its debut in 2009, on the northeast side of Nanhu Lake, was a commercial street which played the bourgeoisie card, flamboyantly embellished with fashionable building elements – glass walls, metal bars, stone veneer, exterior spiral staircase and so on. With all the storefronts along the north square vacant, only a few fancy restaurants – Aying Pot, Blue Gulf Coffee, Liuyishou Hotpot, etc. – and a sex shop settled in, which ran a somewhat stagnant business. One could comprehend that the bourgeoisie card was not that popular, but the rate of Nanhu Xintiandi 's failure was far beyond expectation.

The only post which didn't smash with one stroke was the Jeep Club on Nanhu Road, which played the recreation card. 30,000,000 RMB was co-invested by Jiangsu Guang Yang Entertainment Group Ltd. and Shing Fui-On, a famous Hong Kong film star, to convert Nanhu Cinema into the biggest night club in Nanjing. Opening up in 2007, Jeep Club, which covered 3,800 square meters, combined a bar, a show center and a KTV, was well-equipped, possessing a 7-meter-high, 160-square-meter LED panel claimed to be the biggest in East China. Superstars, such as Jordan Chan, Kris Phillips, Alex To, had made their appearance here. The club ran pretty well and was soon regarded as one of the best 2 spots to enjoy a night life in Nanjing. However, in the year of 2013, Jianye District Government decided to knock down the building where Jeep Club resided, planning to rebuild an 80-meter-high, 19-story high rise as a comprehensive cultural

and recreational center. The ins and outs were fairly unexpected. As the most dramatic one of big other's symbolic acts, Jeep Club witnessed its complete failure.

The Wakened Memory and the Weak's Game

Why did the series of symbolic acts – Xici Street, Sports Tower, Nanhu Xintiandi and Jeep Club – fail one after another? They were supposed to make a difference, in light of the government's presidency, the support of a huge funding and talents in the fields of fashion, design and commerce, and perhaps equally important, the up-to-date and diverse forms. Still, the outcome was jaw-dropping. Was it because of Nanhu Settlement's backwardness, so outdated that it couldn't absorb any new matter, or because of the symbolic acts' impracticality, which were just a set of mirages that would disappear once suffering the storm of reality?

All the possibilities pointed to one reality. The huge neighborhood, 68 hectares, had attained a kind of integrity, just like human being, possessing a well-structured body, and an unfathomable mind. The aggressive invasion of these public spaces had accidentally touched a zone which was dark and gloomy, as a result, triggering the traumatic memory. All the resistance they met may well be instinctive responses of the entity, when some deeply hidden

SAC

feelings were suddenly ignited.

Truly, Nanhu Settlement was full of inde-scribable memories, comprising of more than 100 thousand residents' moments of life in two decades. Moreover, differing from the other large, ordinary neighborhoods, it was imprinted with features of a specific era from the begin-ning – more than half of the households, around 4,000 out of 7,000, were once the sent-down families. As the reflection of a special era in a specific region, sent-down families were the very reason why Nanhu Settlement was created.

In the late 1960s, "Down to the Country-side Movement" took place in Nanjing, with more than 100,000 people, urgently mobi-lized, leaving the city amid fanfare in only two months. In this city, peculiar meanings were attached to the movement: aside from a pair of common types – the educated youths and cad-res, sent-down families were a significant com-ponent, accounting for more than half of the sent-down group. Taking all the family mem-bers and belongings, even cats, dogs and poul-try, they, together with the educated youths and cadres, were sent down to villages scattered in 13 counties in northern Jiangsu Province, to receive "re-education from the poor and lower-middle peasants."

At the end of 1970s, this sent-down group returned to Nanjing successively, adding more than 100,000 people to the population all at once. Unlike the cadres and educated youths who could have jobs and accommodations of-fered by Danwei or the government, sent-down families were virtually homeless, considering that their previous homes had already been occupied by someone else in the past peculiar decade. Under the pressure, large quantities of makeshift shelters were made by the municipal government, along the roads or on both sides of ancient city walls, covering around 100,000 square meters, spreading all over the city. Living conditions were extremely wretched. What's more, huge tracts of public land were appropriated, posing a threat to urban sanita-tion, security and traffic system. The ancient capital of Nanjing was becoming unsightly, with shanties and filthy waste sprawling everywhere.

To tackle the urgent problem, a new policy document named "Proposals for Arrangement of Residential Land for Citizens Returning to Nanjing" was issued by Nanjing Urban Plan-ning Bureau. According to this policy, besides building makeshift houses in Zhongmenwai, Fangjiaying etc., new residential blocks of dif-ferent standards would be constructed in out-skirts such as Anhuai Village, Dongjing Village, Wuguili, Shikanmen, West Street of Fenghuang and Nanhu Lake, aiming to accommodate more than half of the sent-down families. In May 1982, with a fund of 70,000,000 RMB raised from all walks of life, and the help of 17 companies, Nanjing municipal government launched the Nanhu project, expropriating 65.5 hectares of land in the west of Nanhu Lake, which then belonged to Jiangdong Commune of Yuhuatai District, demolishing large amounts of buildings covering 21,451 square meters. Three years later, the first phase of Nanhu Settlement was finished. On Jan. 6th, 1986, Yangtse Evening Post ran the top news titled "Sent-down Family Issue Is Solved, Thousands Will Move into New Apartments: The Majority of Sent-down Families Will Get Keys of New Apartments Before Mid-January."

Compared with the cadres and educated youths, sent-down families, consisting mostly of factory workers (there were factories sending down nearly half of the staffs), individual laborers, the unemployed as well as intellectuals, were the ones who struggled the most. While the cadres and educated youths enjoyed a degree of economic security – the cadres were sent down with pay and other benefits, which secured them a comparatively comfortable life, and the youths were supported by their own families, sent-down families suffered a severely hard time. With their residence registration in the city cancelled, no pay offered, they had to strive for work points, just as local farmers.

Thirty years rolled by. Some of the educated youths, a relatively young age group with knowledge, have become successful. Due to

their distinctive stories widely spread, the educated youths became a significant cultural symbol, highly favored by films, TV shows, newspapers and magazines, even enjoying a popularity in academic discussions. The sent-down cadres had a lot in common, though less influential.

By comparison, the memory about sent-down families was bland, lack of excitement, with an origin that was obscure. When the whole country was busy with establishing May Seventh Cadre Schools and promoting "Down to the Countryside Movement," Jiangsu Province, as the only one in China, was pushing for sending whole families down to the countryside, expanding the subjects from the jobless, individual laborers to factory workers and cadres. Tens of thousands of ordinary citizens were turned into farmers overnight. After a struggling decade, they returned to the city, yet were fairly ignored.

Perhaps, this memory was merely imprinted in personal mind and preserved in a neighborhood like Nanhu Settlement – built exclusively for sent-down families, it was somewhat a compensation for the historic error. As it were, Nanhu Settlement was sent-down families' haven.

Apparently, in the past twenty years, Nanhu Settlement was in continual decline. The modern neighborhood, a one-time star, had descended into an unidentifiable and inconspicuous residen-

SAC

tial district. Yet actually, a marvelous stability was maintained – the layout was barely changed in those years. Since 1993, population flow gradually emerged in Nanhu Settlement. In the year of 2003, the rate began to surge, and rocketed to a fairly high level in recent two years. However, it's worth pointing out that, the blocks where the sent-down and relocated families reside in had the lowest mobility.

A stable inner order was upheld in the neighborhood. For a long time, sent-down families, as well as the other inhabitants, had lived here in a comparatively casual way, paying little attention to rules of the outside world. They may travel arbitrarily, regardless of any code, on the streets inside the residential blocks with little traffic. Around the year of 2003, furnished with new traffic lights, streets in Nanhu Settlement were formally integrated into urban communication networks, which, however, made no difference to the residents' walking habit. The No. 13 bus, notoriously known as the craziest one in Nanjing, which rushed at a high speed, accelerated and braked suddenly with little hint, just as a rollercoaster, was born exactly here. One of the most popular local entertainments was playing cards. The square, roadsides, community center, Xici Street, and so forth – all could be the sites for cards. Nanhu Square, center of the neighborhood teemed with diverse recreational activities, an ill-ordered public space, was dubbed "the living room for sent-down families." Saturated with residents' casual way of life, the modern neighborhood, which was supposed to be rational and well-ordered, turned out to be a relatively chaotic "paradise."

The outer disorder, inner harmony and relative independence, were all protection gears for the community's memory, i.e., the collective memory of sent-down families. These families were intensely terrified of changes in the space – it was meant to be the last defense of their memory, or, their fragile spiritual world. It was a spot that couldn't be symbolized, just as the bitter initial memory. What the symbolic reformation, started in 2003, touched was the very sensitive nerve. Surely, the forceful introduction of Sports Tower, Xici Street and Jeep Club were well-intentioned to enrich recreational life and promote living quality, yet they were nothing else than a kind of invasion, transforming the space, spoiling the tranquil life of sent-down families, pushing their self-constructed spiritual world on the verge of collapse.

Since the plan of big other could not be stemmed, sent-down families took their own way to fight back. The minute a new building was introduced, the environment (people and the neighborhood they live in) would turn itself into "the other" – the one that was sluggish, having no desire, treating the newcomer with indifference. Step by step, the big other was cornered – it couldn't communicate with "the other," or be recognized. Even for the well-known Jeep Club, what impressed the residents most was Shing Fui-On's early death. These newcomers failed to perform the contract to generate profits, which ultimately frustrated the symbolic reformation. Just like a solitary boat deserted in the boundless sea, the newcomers saw themselves dying inch by inch.

This was the tactic of environment, or, game of the weak. The environment intentionally drew itself back, nearly intangible, dashing the big other's hope. The subsequent anxiety of "intruders," which also acted as the spokesmen of big other, was in environment's best interest. In other words, the environment, which successfully transformed from the observed to the observer, from the victim to the perpetrator, was enjoying big other's anxiety, for it was meant to be the victim per se. As a matter of fact, the environment devoured a covert pleasure from the supposedly formidable symbolic reformation, witnessing the intruders from complacent to bewildered, then anxious, stressed and hysterical, finally, being knocked out.

Epilogue

In the symbolic reformation of big other since 2003, Xici Street was shuffled and reshuffled so many times, sinking deeper and deeper into the mire; Nanhu Xintiandi fell into ruins the day it were finished; Jeep Club has already become the history; while the Sports Tower has been transformed into a maternity hospital, running pretty well so far, it still faces an uncertain future. Ten years has passed, the winner in the round was undoubtedly the environment on the weak side.

However, it doesn't prove anything. The subject of the memory – sent-down families, was still alive, enabling the game to be continued. In the coming years, when the very subject departed, things would be quite different. Given the circumstances, the symbolic reformation would not just stop here, for the tides of urban construction has overwhelmingly flowed to Nanhu Settlement, with future development plans poised to be implemented one after another. Once the memory of sent-down families left the medium of space, the old game would be difficult to move on. Nevertheless, it won't be the end, a new round of contention will break up between big other and "another memory," the one being impressed on Nanhu Settlement by the 30-year development of urban planning in Nanjing. In this process, the role of Nanhu Settlement kept shifting from the solitary paddy fields to a sparkling boomtown, then a less noticed semi-urban area, and now the latest hit in urban development, a battlefield full of temptations. Hence, the story of Nanhu Settlement is far from over.

（王晨丽 译）

SAC

END

南湖新村／记忆地图

张熙慧

南湖新村承载着每一个有缘在过去或现在置身那里的人的历史。这些历史以记忆的方式深深扎根于人们的身体中，塑造着他们的一举一动，也因此塑造着南湖新村一沙一石的变化。笔者试图以记忆地图的方式，将他们的记忆标记于其所在的空间位置，试图从中洞察所对应的物质空间的更新是否塑造以及回现某些记忆，而这些记忆又是否激发或者限制了南湖新村物质空间的进一步变化。

笔者共访谈 44 人次，根据分类方式（南湖老村民、南湖新村老居民、迁出者、迁入者、租房客、周边居民、南京市民）从中挑选出相对典型的 14 位，进行个体记忆地图描绘。笔者在南湖新村的公共空间中寻找访谈对象（除去其中两位为笔者的朋友），也许从概率学上讲，并不能呈现出南湖新村的完整面貌，但他们确是对南湖新村的公共空间感受最为深切的人（通过对南湖新村 30 年历史的研究，了解到南湖新村的物质空间更新绝大部分集中在公共空间），并且，正是他们与笔者相遇的因缘和合促成这个采访笔记。

访谈开始时，笔者首先要求访谈对象在谈话的同时绘制记忆地图（其中仅有三位愿意绘制）。访谈过程中，对于"过去"和"变化"的内容，笔者努力避免加以疏导或干涉，尽量把空间留给采访对象，期望他们自然地按照自身的回忆线索进行讲述。对于"现在"，笔者先请采访对象讲述自己一天的日常生活，再对未涉

及的公共空间节点进行提问。访谈对象说着看似没有逻辑的上下文，其中一定蕴含着笔者所不明的缘起。笔者不敢妄加取舍，所以将访谈全程录音，尽力还原访谈对象的思维过程。为了方便读者阅读，笔者使用自述体文字将之呈现出来，在"备注"一栏中添加笔者的场外信息提示。最后以二维图示方式对访谈对象提及的空间地点进行整理（图中实心圆为采访对象的居住地点，粗线圈为采访对象现在日常生活涉及的地点，箭头为现在主要的日常出行方向，细虚线圈为回忆中涉及的地点），命名"记忆地图"。访谈对象的名字均使用化名，其他信息均为真实。

访谈记录
1 南湖老村民
1.1 眉爷爷
"最大的变化就是人多了，对我没什么影响。"

过去

我从小住在这里，我爷爷也出生在这片土地上，过去西街头没多少人家，都是平房，我就读的小学就在莫愁湖里面，1952 年还是 1953 年莫愁湖小学才搬到大街上，学校用的是徐家的房子。解放后徐家去台湾了，房子空着。

50 年代时南湖大得不得了，长虹路后街，文体村那些地方都是湖面。以前水干净，有很多鱼，人家还用湖水淘米洗菜。从"大跃进"后开始填湖，湖边建了跃进钢铁厂，好像九几年就不行了。后来人多了，生活污水多了，都往南湖扔垃圾。以前就南湖边有点树，水西门大街这片都没有，南湖新村盖好后在路边种了

香樟。建南湖新村对我的生活没有影响。他们都是外面迁进来的。以前都是菜地，街上人也不太多，晚上更是空荡，没人啊。

我家是1988年拆迁的，政府给一点点过渡费，我们自己找亲戚住，钱很少租房子不够，后来实在找不到房子，1989年房管所办公室给我们在旁边盖了临时过渡房。按照人口分房子，三人分小套，四人分中套。我们当时是城区，莫愁湖公园门口往西一点有个门，以前是条沟，门外才是郊区雨花台区，我们这边是建邺区。所以我们是从城内拆迁到城外，每户多补了10平方米。我要了本地房子，邻居有一部分被分到其他地方，当时具体分在哪不是我们自己能选的。西街头小区右边这栋是外贸公司早盖的职工宿舍，盖得很好。其他都是后来开发公司盖的，里面的商品房都按规矩建，但是复建房就乱来了，有人去查过图纸，当时报建的图纸一个单元两户，结果建出来开发商在中间又夹了一户很小的。住宅的户型很有问题，大房间有18.4平方米，小房间6平方米，很难受。政府也不帮我们说话啊，甚至在我家门前间隔3米多的地方还要建一栋，建了8米，2层楼，把我们的阳光挡完了。老百姓不会打官司啊，我们就自己推，建多少推多少，都是老头子上，年轻人不出面，我们老头子怕什么啊。后来也想了很多办法，找了电视台，电视台直接给我们讲："你们要知道电视台是政府的机构，只能帮政府，是不会帮你们的。"我们还写信，直接送到市人大主任家里去，不知道有没有起作用，反正后来开发商是没再修了。虽然这么说，现在的房子肯定比以前平房好多了，以前上厕所都要跑很远，下雨也漏。电影院以前也不去，有电视了大家更不愿意去。游泳馆也不去，我不游泳。

变化

南湖新村建起来，我们生活方便多了。之前看病都去丰富路那边的建邺区医院，后来去南湖社区医院看小病，大病还是要去大医院。

住宅的平改坡都是面街的才改，改一栋楼要二十几万，政府哪里有钱全部改啊。

我以前的工作在城里，莫愁路烟酒商店，都坐公交上下班，有7路公交车可以直接到，7路车一解放就有。后来人虽然变多了，路扩宽了啊，也没有不便。水西门大街改过两次，1984年建南湖有过一次，2003年又一次。2003年李强任区书记的时候，打算将文体路拉直，老百姓闹得很厉害，要拆掉劳改局宿舍，后来没有拆。文体路迟早要拉直了，你看那边多宽多直的大马路，却没有头，花了几个亿多可惜。

周围的变化对我们没什么影响，老百姓没有高消费。以前区政府在这边，俏江南生意就好，现在不行了。电影院改造成了JEEP酒吧，是香港的"大傻"成奎安投资的。

搬走的人不多，大家都没有钱。

现在

现在对这里很满意，环境好，人也多，比奥体中心好，还有老年人啊都恋家恋旧。没有钱，也不考虑搬走。我们是底层人物，我父亲是资本家，表伯去了台湾，是海外关系，自己成分不好，没有机会读书。现在就随遇而安过日子。那边里面有个牢骚亭，每天早上7点过有很多人说政府坏话，都七八年了。我不发牢骚，我知足

SAC

常乐,不过他们那样发泄出来对身体也好。

这片的治安挺好,就是偷自行车的多。现在的社区没有保安,不用交物管费,不过车棚有人看。以前治安很好,家里都不用关门,改革开放以后就不行了。前两天我们6楼才被偷,大白天,钱啊首饰啊都被拿走了,衣服没人拿。社区下水道出问题都得自己解决。如果是租的公房可以找房管所,大部分房子都被买下来了,现在要想买也是不到2万元一套,没有涨价。租公房的人就算搬走,也不退给房管所,自己出租,能赚很多钱。

我平时的生活是8点过出门走走,看看报纸,出来得早就去莫愁湖转圈,下午睡了觉也出来转,南湖公园、南湖广场都经常去。南湖广场人多得很,都在转圈。南湖一中操场晚上也开放,白天没去过,不清楚。体育大厦不去,那里是年轻人的地方,现在还改成了华世佳宝医院。西祠街区也不去。买零用去五洋,买电器衣服什么不去五洋,去城里面买,五洋是私人企业。澡堂常去,平时都是去那里洗澡。买菜都在迎宾菜市场。平时在家吃饭,除非有聚会才去俏江南。现在生活好呢,过去没的粮食吃,现在来人就上馆子。

备注

眉爷爷思维敏捷,记忆清晰。谈过去,第一反应就是菜地,提了很多遍。眉爷爷说自己生活在社会最底层,但是实际上据笔者观察,他的经济状况在南湖应该算是上等。

关于把文体路拉直的故事:2003年扩宽文体路的时候,政府本来打算将文体路北延与水西门大街相接,需要拆除西街头小区中很多栋住宅。西街头小区建于90年代初,算是南湖区域比较新的小区。这事在居民中引起了很大的不满,他们团结起来不接受拆迁。四车道的道路已经建到西街头住宅楼下,为了造势,拆迁方还将西街头小区的牌楼和围墙推倒。西街头小区南面有气势汹汹的道路相冲,北面主入口作为西街头小区标志的牌楼又被推倒,夹在中间的居民们恐慌起来。然而,在这些已被判死刑的住宅楼中,有劳动局的职工,他们决定死磕下去,坚决不搬。据传,经过其中某一位劳动局高官的坚持和努力,拆迁方不得不妥协,放弃北延文体路,重新为西街头小区建好围墙和牌楼。牌楼当然不再是以前的那个,居民们仍然颇有微词,抱怨新的牌楼太丑。截止到2011年5月,西街头小区仍然是完整的。

1.2 鸟爷爷
"变化大了,南湖以前是现在的10倍。"

过去

小时候在南湖游泳,湖里都是半斤重的鱼。南湖以前大了,是现在的10倍,都看不清楚对面的人。都是皮革厂把南湖毁了,50年代的时候建的,污水都往南湖排。我以前住在这棵大树下。电影院最早两毛钱看一次,后来越来越贵,越来越没有生意,大家都有电视,自己在家看。小区一直有栏杆,也没有给生活带来不便,门多,一般一个小区有四个门,也没有看门的,当时坏人也不多。

变化

香港的"大傻"(影星成奎安)把电影院承包下

来做夜总会，他前阵子挂掉了。

现在

南湖公园建好后我们开始养鸟，每天出来遛鸟。放鸟的 80% 都是本地人。现在坏人多，因为外地人多，都是农村上来的人。南湖广场那边有电子琴卡拉 OK 的，给他五块钱，他给你伴奏。后来周围的居民被吵得不行，告上去了。他们又改打牌，规模越来越大，常常有三个人联合起来宰一个人，那是南湖一景，好好的地方就被他们打牌了。西祠我们不去。平时买东西去迎宾菜市场和五洋百货，买衣服去新街口，洗澡都去华清池。

备注

笔者在南湖公园附近访谈的录音里，尖锐的鸟叫声几乎压过人声。遛鸟是南湖最为壮观的两项活动之一。每天从午饭后开始，南湖公园所有能放置鸟笼的地方（树枝、雕塑、灌木、汽车、栏杆、坐凳、垃圾桶，等等）都被搁上了样式一模一样的鸟笼，鸟笼里的鸟儿甚至都一模一样，黄色的羽毛，眼睛处有白条。遛鸟的人看似来自一个养此品种鸟类的专业团队，有组织有纪律，他们每天到南湖公园集合，交流心得，共同学习进步。

关于南湖广场的卡拉 OK 活动。南湖广场被道路分割出的东西两块区域，平时就是两个演唱会现场，一侧是比较专业的残疾人演唱，唱功了得；另一侧总有人带着音响设备和键盘作伴奏，人们可以花五块钱点歌，拿起话筒就可以开唱，旁边围满着人拍手叫好，歌声悠悠两条街外都能听见。后来因为太吵被举报后，卡拉 OK 活动少了，但是周末也会有。

2 南湖新村老居民

2.1 单位职工：娃奶奶（1983 年入住育英村）
"变化大，以前青草都长得很高。"

过去

以前南湖很大，青草长得很高，湖边一间一间的房子。住在这里后出门等公交要等很久，我害怕骑自行车。7 路和 13 路两条公交线，总是堵车，都急死人了，上班迟到。回来在莫愁湖门口下车，走路到家。我在光华门的第五厂上班，老伴是汽运公司的，这是南京最大最穷的单位，单位在南湖分的房子。

以前都到莫愁湖玩，去公园打羽毛球，也去体育场，小孩会去游泳。会去电影院看电影，门票一两块钱。也会去文化馆玩。南湖路公家办的商场按时上下班，生意比不过私人的，私人的"小百花"生意好得不得了。

变化

南湖新村建了后，最近街道变整洁干净了，七号路多干净。最近新建的大楼对我生活没有影响，不过南湖公园建了好啊，大家都过来锻炼身体。体育馆本来是公家的，后来私人承包，不知道怎么改成体育大厦了。

现在

我有一女一儿，老大在九几年在附近买了房子，老二在 2005、2006 年买的。我和老伴一起住这边，老大房子小，老二跟老公公一起住，我不可能搬去跟他们住。

社区新搬进来的居民不跟我们交流，门卫换了很多次，不过门卫都认识居民，出租出去的房子少，以前的小门面房拆掉建了围墙。社区没有物业管理，只是每月扣垃圾费七块钱。治安不好，自行车总是被偷。

　　一般早上在家，下午带孙子到南湖公园玩，老伴在家做饭，也会去体育场走走，晚上也出来走走。不带小孩的时候就不出来，待在家睡睡觉、看看电视。生活用品一般就在苏果、集庆门大街的农贸市场买，衣服去家乐福和五洋百货。

备注

关于上班迟到的故事。南湖新村建好后，水西门大街是其与主城联系的唯一主要道路。南湖新村居民的单位或公司大部分位于城内，一到上下班的时间，水西门大街上的队伍就相当壮观，骑自行车、摩托车的，走路、跑步的，等着坐公交的，甚至还有开拖拉机的，大清早一律齐刷刷往城内赶，傍晚再浩浩荡荡调头回南湖，这两个时间点水西门大街都非常拥堵。最苦的是坐公交的居民，当时只有7路和13路两条公交线路，公交车个头大，一堵起来就丝毫动弹不得。焦急的上班过程是当时居民重要的集体记忆。

　　"小百花"是南湖新村居民的暗语，它指的是现在南湖东路的南湖百花烟酒超市。南湖新村最早的百货商店分布在两个片区，这两个商店为国家公有，职工按时上下班。绝大部分居民工作时间都在主城内，下班才回南湖，这时它们往往都已经关门。"小百花"是当时唯一的私有百货商店，老板是全国最早开始下海经商的温州人。一到傍晚，南湖新村的"小百花"里面就挤得水泄不通。在当时，"小百花"就是百货的代名词。家长奖励小孩时说"我带你去小百花"，意思就是"我给你买东西"。现在的南湖百花烟酒超市货品类型和经营方式都还是当年一样，除

去在里面闲聊的大妈，顾客比员工还少。

2.2 单位职工：正爷爷（解放前入住迎宾村）
"变化很大。"

过去

下放户回城没有工作，生活惨淡，我是汽运公司的职工，好一些。我工作非常努力，不怎么出去玩，常常晚上很晚才回家，甚至通宵不回家。当年人们都去"大圆圈"玩，以前上午打牌，下午唱歌，晚上跳舞。居委会很复杂，晚上要喊话："小区居民注意啊，晚上睡觉要关门啊，提高警惕啊，防止小偷啊，防止生人敲门啊。"

变化

最近三四年搬走的多。

　　南湖现在是城区了。20年前拆迁到南湖的时候大家还不愿意，现在想来都来不了。

　　八年前自己家新装潢了一次。水泥地改为地板。

现在

和儿子、媳妇、孙子（19岁，职业学校毕业，待分配）四人一起住。

　　房子户主变了，卖出去了，邻居之间不认识。最近小偷多，丢车的，撬门入室的（都有）。

　　最大的问题是社区管理，居委会电脑设施有了，但是服务跟不上，不过问老百姓的事情，都让百姓去找他们。

　　社区选民意代表是形式，我都不参加，直接叫你划哪个人，选出来的都是有后台的人，一个年龄大的都没有。居委会不干事也就罢了，他们还造事，在楼下修车棚停汽车，用老百姓

的土地创收。

南湖百分之七八十的人都打牌，打牌太多了。

一天的生活：早上起床到文化馆那边吃早饭，然后出来到南湖公园走走，走到莫愁湖，中午回去吃饭。下午也出来玩，一般不去南湖广场，那边打牌的太多，看着心里烦。买东西去苏果、欧尚，一般不走远，现在南湖交通很方便了，地铁也开通了。文化馆现在唱歌下棋都有，主要是打牌，70%到80%（的人）都在打牌。

牢骚亭有两三百人，全南京的人去，持续很久了。教授、老干部、学生、地痞流氓，都有，还有个某师范大学老师，每周一、三、五在那边演讲。城管都是没素质的，以前劳改的，欺负街边摆摊的农民，没收东西。

对住房不满意的地方主要就是面积小，四个人住50多平米，儿子想买房我不让，太贵了，不能做房奴。对生活还是挺满意，儿子媳妇都孝顺，中午把饭做好让我回去吃。

备注

"大圆圈"是南湖新村的暗语，位于现在的南湖广场。南湖广场中央曾经是花坛，花坛里有"母与子"雕像和水池，道路沿花坛绕圈，进入南湖新村的车辆都需要减速围绕花坛瞻仰一番。南湖新村的居民为南湖广场取了一个识别性很强的名字：大圆圈。当时全南京的出租司机都知道顾客要去的大圆圈在哪里。曾经一到晚上，"活闹鬼"们（注：南京方言，指小混混）到"大圆圈"比赛骑摩托绕圈，中间的花园不太大，绕圈的时候要一直保持某个倾斜的角度，很有技术难度。他们比赛一次绕多

少圈，外面围满喝彩下赌注买马的"活闹鬼"，玩得不亦乐乎。2003年拓宽南湖路的时候，"大圆圈"被铲除。曾经在南湖新村的中心颇有仪式感的瞻仰以及游戏均随着空间的消失而消失了，取而代之的是飞驰而过的汽车。

每次走到南湖新村，都会被路边打牌的场景所震撼。那是南湖最为壮观的两个活动之一。同样年龄、穿同样的黑衣、戴同样鸭舌帽的中年男人坐在小马扎上，围在一起打扑克，周围站了好几圈同样装扮的人将他们团团围住，看过去黑乎乎一大片。他们也有服务设施，在蓓蕾村西南角文泉洗浴中心旁有个小出入口。有一家夫妻在那里提供桌凳、扑克、热水，一杯水两毛钱，有茶叶的两块。他们甚至还提供草纸，拉片床单遮一遮，墙角就是厕所，洗浴中心的下水口就成了便坑。这导致蓓蕾村小区该出入口出奇得臭。该出入口于2011年3月份被封，夫妻服务站也被其他载小座椅的流动三轮所代替。千人大会随即渗透到南湖的各个角落，其中最壮观的仍是南湖广场两侧。

2.3 下放户：黄美女（出生在育英村）
"没有变化。"

过去
父亲是下放回城人员，防水建材厂的党委书记。

过去非常混杂，是城乡结合部。小时候户口在南湖，1993年找人花了2万元把户口调到了朝天宫，小学六年级时全家都搬到朝天宫住。读中学时回来住了，来回骑自行车。

周围都是泥巴路，一下雨就得穿高筒

SAC

（雨）靴。

南湖电影院是南湖人民唯一的精神食粮，小时候第一次走丢就是在那边。

南湖以前没有红灯，南湖的老人和狗走路都是直冲冲的。

变化

1999年左右南湖路突然变干净了，以前两边都是摆摊的，又脏又臭，后来没有了。

2004年，建邺区人民政府刚开始建的时候，有过暴力拆迁。就是在2004年，水西门大街成了最美的景观街，南京市的区域划分也有所调整，南湖终于翻身成为市区了，不再是城乡结合部。高考前老师说："你们从现在开始，不是和南湖一中、二中竞争了，你们是和九中、三中竞争了。"当时就感觉南湖终于扬眉吐气了。

第三次小区出新的时候，小区里安装了又高又亮的路灯，再也不需要手电筒了。

高考完了后第一次到南湖公园。当时是2005年6月份。

从2005年开始居委会变得很负责，会定期收集民意、检查管道、防盗门之类，以前都没有。巡警也多了很多。最近南湖连续五家被盗，居委会得知后一夜之间在各小区都增加了一道大铁门，有人负责开关。晚上会留一个只有居民知道的小门。

自从街道开始挖地之后，小吃一条街到现在都是无限歇业状态，只有三四家当年在南湖"大圆圈"摆摊的，现在改到西祠街区那边，其他的都消失了。

没有见到过新邻居，但是有一些老人死去了。小孩长大都出去了，大学毕业后，就都住

外面了。

现在有咖啡馆，以前根本没有。

五洋百货也是最近几年突然变漂亮了。

现在

家里在2001到2002年在奥体买了金陵世家的房子，但是不愿意过去住，那边还是偏，一个原子弹炸不死五个人，后悔死了。南湖好的是邻居绝对都认识，非常安全，所以从来不敢带男生往家里走。这边的人起得很早，早晨5点多就有很多人开始活动了。

2009年年底河西万达建成之后，南湖新村的房价就突然开始狂涨。南湖的位置很方便，到哪都是起步价。500米内各家银行都有。小区里的垃圾站也非常方便，完全没有臭味。

体育大厦在我的生活中是空白，无论是健身的地方还是华世佳宝，对我来说就是个废楼。

西祠街区是个很神秘的地方，入口很小。我对它的印象就是里面有很大的停车位，还有就是里面有棋牌室。巷子也深，到处散发着甲醛还没有飘干净的味道。

觉得南湖不好的地方就是吃东西不太方便，除了饭点其他时候都找不到吃的。南湖很适合养老，不适合年轻人居住。南湖的餐饮店很多都是外地人开的。

一天的生活，早上起来到南湖公园跑一圈，吃饭都到"刘长兴"。买菜去迎宾菜市场。

南湖的风筝非常多，晚上满天都是。

备注

南湖新村主干道最早的路灯为颇有装饰韵味的玉兰花形，发出幽幽的白光。它照明度低、光芒穿透性差，主要照亮的对象为空气和树木，

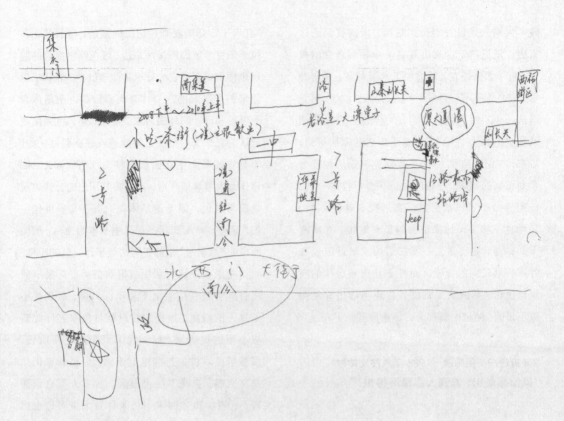

＊1 黄美女自绘南湖新村地图

SAC

一到晚上人们就看不见道路。这条路上有部分下水道井盖位于大路中央，井盖又总会不翼而飞，因此那时常常听说有骑车的人栽到下水道井，连人带车翻到地上。后来渐渐地，改建道路时下水道井被移到了花坛中间，路灯也换成了更实用的暖色灯。

　　小吃一条街出现在 2008 年 6 月份到 2010 年上半年之间的南湖东路，街两边摆了上百个摊点，售卖砂锅、凉皮、铁板、炒饭、炸串等等。每天运营到半夜两三点，有很多南京人光顾，相当壮观。2010 年 6 月份左右，由于道路地下水系统修整工程，小吃一条街的摊主四散到南京各处。2011 年，南湖东路的更新工程虽已结束，道路状况也已恢复，但小吃一条街再也没出现了。

　　"刘长兴"是南湖新村居民的暗语，指的是现在的"美食天地"。过去南湖东路小百花对面曾经有一家刘长兴，卖面条和包子等面食。对南湖新村的大部分居民来说价格比较贵，一般要是小孩考试考好了，一家人才在周末去吃一顿来奖励。在 2005 或 2006 年的时候，由于经营不善，这家刘长兴的招牌消失了，换上了一个非常没有辨识度的名字"美食天地"，居民都记不住。大家如果说去刘长兴吃饭，指的就是去这家店。最近两年这家店发明了一种类食堂的模式，包子面条还在，新增加了米饭和菜，做得非常干净，本来下午供餐时间是 5 点到 8 点，可是通常一个小时内就会售空。可以说它是新的南湖食堂，南湖人一到饭点都纷纷去这家店报到。后来，在南湖路靠 13 路公车站侧有家店铺挂上了刘长兴的招牌，与老的刘长兴步行仅两分钟，但生意做不过以前那家。据居民说味道不行，品种也不够多。如果说去刘长兴吃饭，老南湖人都知道，其实是去一家在刘长兴附近但现在并不叫刘长兴的食堂。而据不在南湖居住的南京市民讲，新的这家刘长兴在连锁店里算是味道不错，路过南湖都会去那里就餐。

SAC

2.4 拆迁户：便阿姨（1986 年入住文体村）
"以前都是田，看到人都稀奇得很。"

过去
我 1983 年拆迁，住过渡房，1986 年搬回来。

南湖的边界：从对面楼房下面、大英堡、大树下，比现在的南湖大很多。

长虹南路后街以前叫"小桩子"，说小桩子大家才知道地方。南湖一中以前叫"东边塘"、"大洲藕塘"。

现在
农民邻居现在很多还是住附近，平时出来走走都能遇见。南湖东路有一家理发店，从有南湖新村开始做到现在，我一般去那里理发。有空会去"红房子"的棋牌室打麻将。买菜去迎宾菜市场。

备注

"红房子"是南湖新村居民的暗语，指的是现在位于华世佳宝妇产医院东边、红色涂料面层的四层小楼房。至于它为什么被涂成红色，要从华世佳宝妇产医院的前身体育大厦说起。南湖体育大厦最初设计的外表为素混凝土，建邺区人民政府认为它作为一个标志性建筑应该更醒目一些，于是它的两个主立面被调整为红色涂面。2005 年体育大厦建成之后，政府将其周边的公共建筑也刷为红色。但无论是体育大厦还是华世佳宝妇产医院，在南湖居民记忆中基本为空白，居民所说的"红房子"指的是旁边被牵连涂红的小楼。

关于南湖新村居民打麻将的爱好。最早居民打麻将是在住宅楼下和车棚门口，后来受不了夏天的蚊虫，一楼的住户就将自家客厅改造成小型的棋牌室，打一晚上每个人交两块钱。虽然居民对付款打牌略有不满，但棋牌室仍然非常火爆，去晚了还得排队。很多人都打到通宵，或者半夜才回家。后来体育大厦旁边也出现了一人交两块钱的棋牌室，而且非常有营销策略，消费一次给一个小牌子，积满 10 个小牌子后可以换一大包清风牌卷纸，南湖人家的客厅里都积满了这样的卷纸。打牌的人都有一个小包，一层放钱，另一层放小牌子。后来大家觉得卷纸不实用，组织无记名投票改礼品，此后全南湖的棋牌室礼品突然全都换成了五月花牌的抽纸。居民为了打牌，还要跟人比谁晚饭吃得快，不然到棋牌室就只有看别人打的份。棋牌室里面烟雾缭绕，人声鼎沸，坐一圈站一圈，还有在领赠品的人。现在价格已经从两块钱涨到四五块钱，打牌的人却丝毫不见少。

3 迁出者

车阿姨（1984—2005 年住在迎宾村）
"变化大啊，一直在变，现在也在整修。"

过去
我 1984 年就过来了，住在迎宾村，当时周围都不完善，里面都没办法走车。到 1986、1987 年才算建完整。水西门大街从我过来就一直很堵，虽然当时汽车少，但是人多路窄啊。我的工作单位在山西路，要坐 31 路到三山街转 7 路，7 路能到南湖新村里面，但是太堵，还没有走着快，我就拽着小孩走路，到水西门口就下车走回家。

我来的时候，南湖电影院还没修好，设备都没有，到 1986、1987 年设备才做好。我们当时要去看电影呢。不过我们是上班族，老伴的单位（汽车队）在这边，单位会发电影票。我的单位在城里，也会发城里的电影票，有时候我们就去城里看，把这边的电影票送人。南湖电影院旁边有个南湖西餐厅，会去那里吃饭。当时不存在贵不贵一说，都用粮票。

变化
迎宾菜市场以前是汽车队，车队出人出地，建邺区出资，1997、1998 年盖的迎宾菜市场。

现在
我现在住在奥体，骑这个小车，每天早上过来玩玩，在莫愁湖边打打毛衣晒晒太阳，10 点左右到迎宾菜市场买菜。我在这边常常能遇到老邻居。下午在家看看电视，晚上也不出门。

备注
最开始问采访对象是否住在这边时，她回答说"是"。后来才了解到她其实已经搬走了。虽然住处换到了另一个区域，但她不能也不愿意摆脱自己是南湖人的属性，依旧离不开水西门大街边的座椅，离不开熟悉的邻居，离不开老伴单位的菜市场。她的城市生活仍然在这里。

4 迁入者

4.1 公房安置：高爷爷（1996 年入住湖西村）
"南湖新村建好后就没变化，不过周边拆房子，有扩建。"

过去
我是五金装潢厂职工，拆迁过来的。当时有虹苑和清江的小区让我买，我买不起，只有租湖西小区的公房，像虹苑、清江这些名字都是开发商取的，跟地方没有关系。这里以前叫茶亭，后来在这里建房子才取名南湖。

变化
南湖新村建好后没有变化，只是周边有扩建，道路扩宽了，也把人家房子拆掉了，像湖西街、南湖路和水西门大街都扩了。

现在
每天到处转，南湖广场、南湖公园和莫愁湖，还骑自行车去中华门。社区是物管公司在管理，我们交物管费，一个月 15 块钱，买了房子的物管费都十年一扣。年轻人最重要的有三个东西：一是青春，二是外貌，三是学历。

备注
高爷爷语气平和。一谈变化，首先想到的是拆迁。访谈对象黄美女向笔者详细描述过水西门大街拆迁时的情景："2003 年左右，建邺区人民政府刚开挖好地基的时候，有一天清早，急急忙忙上班的人群在人才市场路口的红绿灯处被勒令禁行。大家正疑惑发生什么事情的时候，突然间，四五十个武警冲到大街上，拽着很多上岁数的老大爷老大妈往卡车上扔，老人挣扎不过武警。紧接着位于区人民政府东侧的平房区开始冒浓烟，不知谁放的火，房子开始烧起来。很快这队卡车载着锅碗瓢盆和哭天喊地的人们开走了。交通瘫痪了半个多小时。后来南湖新村的居民们了解到，那些被带走的人都是水西门大街扩街的拆迁户。建邺区政府从城墙内转移到水西门大街侧，怎么能允许周边有大片破烂不堪的平瓦房。目睹那一幕的人们，尤其是曾经同为拆迁户的南湖新村居民，纷纷感叹武警太粗蛮无理，对拆迁户深感同情。从这时开始，水西门外加快了城市化速度。曾经在屋檐下容纳一家人的四方土地，很快成了全南京第一景观大道。也就是在新的水西门大街建成之后，南湖居民才深刻感受到南湖新村跟以前不一样了，才理解城市建设部门的良苦用心：这里已经不再是城乡结合部，而是城市了。"

4.2 买房入住：听爷爷（1994 年入住康福村）
"我们都不是这里的人，你要问其他人。"

过去
我们都不是这里的人，我们在那边（手指老城方向）长大的，不清楚这边，你要问问其他年龄大的人，南湖公园那边本地人多。
变化
变化大，都改了样了。南湖西餐厅变样了，改门面房了，都改样了。西祠那边口子上的苏果

最早是菜场，后来改成"大吉祥"。以前南湖广场在中间，"华仔"以前是老年公寓，后来改成"快活林"，旁边是百货商店。奥体中心办"十运会"和"城运会"时，南湖沾了点光，整了整。南湖路西延到西祠那边从过年前开始搞的，本来都快拆完了，里面拆迁没谈好，有个老板被打，就停下来了，说"五一"前要完工。文化馆现在租给别人了，有跳舞的，办培训班。国家需要有它就建，不需要就拆。

备注
听爷爷一直在强调自己在城里长大，不是这边的人。他虽然在南湖新村居住了十多年，内心里却不愿与南湖菜农一起被划入南湖人的范畴。

关于南湖路西延工程打人事件。事情发生在 2011 年初，南湖东路西延工程需要拆除玉塘村的两栋住宅楼。玉塘村的第一批居民为建造南湖新村时原址安置的拆迁户，经济条件相对较差。现在玉塘村的住房全部属于公房，只有少部分已购。居民大部分连房租都不愿上交房管处，更不可能有经济能力外迁。南湖东路西延工程的拆迁对他们来说首先意味着需要将一二十年的房租全部补齐。其次，由于新建住房面积一般很少低于 70 平米，迁新居对他们来说还意味着补面积差价，所以非常多的居民抵制拆迁。但是拆迁工作已经开始进行，有居民发现拆迁方的某领导住在附近后，就拿着板砖往领导家里扔，砸伤了人。发生这起事件后，该工程至今都处于停滞状态。

4.3 买房入住：逃小弟（2010 年入住西街头）

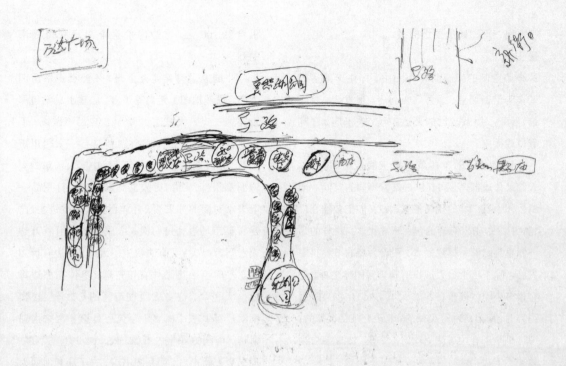

＊2 逃小弟自绘南湖新村地图

SAC

"没有变化。"

现在

南京 29 中的初中生，2010 年家里在西街头小区买的房子，120 多万元，二室二厅 98 平方米。房子买在这边考虑的是离以前的家近。一般一个人住，有时候家里人会过来住。家里在南京最贵的小区金鼎湾也有一套大房子，我更喜欢住在那边，那边环境好，小区里绿化好，可以打乒乓球，还有游泳池，吃饭在小区里的西餐厅。

早上会去迎宾菜市场买早餐回家吃，骑电瓶车上学，从水西门大街走。会去五洋百货买文具，品种多，价格便宜，可以一次买很多。

生病一般去儿童医院，只有两三次发烧小病去了南湖医院。南湖公园一般不过来，今天是在这边等人（笔者注：后来得知其实是逃课）。平时晚上写完作业，还会去周围网吧上网，父母只准我周末在家上网，家里电脑有锁。会跟同学一起去体育大厦踢球。西祠街区从来没去过。家里不做饭，都是在外面吃。周末都去同学家里玩。买衣服逛街会去万达广场、夫子庙、新街口。

跟邻居关系很好，还会去其中几家吃饭，大家都认识，有个邻居是开面馆的。

不满的是经常施工，很吵，晚上公园里面跳舞的多，会吵到 11 点，睡觉睡不好。吃饭也不方便。南湖路上要饭的多。

备注

逃小弟绘制的南湖新村地图中，标注出的店铺基本为沿街商业，餐厅、便利店、理发店、修车铺、网吧，以及较远的万达广场、夫子庙、江苏省口腔医院。

南湖公园的集体舞从每天晚饭之后开始。人们聚集成群，不同群体占据着不同的空间。南湖公园中心广场的规模最大，妇女们把包挂在广场栏杆上，密密麻麻的包，非常壮观。栏杆的另一侧总是趴着一排观舞者，跟着舞者的节奏抖腿晃脑。除了这个最大规模的集体舞团体之外，还有很多小团体散布在各处：公园入口广场有跳手绢舞的，南边有跳健美操的，北边有跳交谊舞的，旁边小亭子有拉二胡唱戏的，等等。大家各自为政互不干扰。

5 租房客

5.1 王半仙（2010 入住玉塘村，徐州人）
"没有感觉到变化。"

过去

体育馆一楼是游泳馆，2007 年前后淹死过人。

变化

南湖电影院被香港的"大傻"承包办了 JEEP。

现在

我是个程序员，在南京待了九年了，工作了五年，以前在南林读书。2009 年换了新工作，公司在汉中门大桥旁边，找到金虹花园住了一年。因为同住的人太吵，2010 年搬到玉塘村，主要就是想能步行上班。住一套三室其中的一间，

租金约 700 元，这边房价是全南京涨得最快的吧。

平时从北圩路走路上班，不怎么走水西门大街，虽然地图上距离差不多，心理上总觉得那边要远一点。大概走 20 分钟。自己不做饭，下班就到处吃好吃的，莫愁湖新路有一家四川担担面，金虹花园那边铁板饭，汉中门大街东的大碗面都很棒，西祠街区也有好吃的。日用品一般去家对面的苏果买，五洋百货从来没进去过，迎宾菜市场进去过一次。衣服一般去河西万达或者新街口买，买鞋去汉中门大桥，那边有折扣店。平时会去南湖体育馆打球，单位在那边每周一天包场，健身去西祠街区的 CTF 健身房。南湖广场我去干嘛？！今天还是第一次来南湖湖边，南湖好小啊，不像 lake，pool 还差不多。周末会去新街口、南京图书馆、夫子庙和河西万达玩玩。

备注

香港影星成奎安（绰号"大傻"）投资将南湖电影院改造为 JEEP 的事情，在南湖新村几乎无人不知。2007 年 12 月 22 日，JEEP 酒吧开业当天，门口围堵了三千多人，人们冒着严寒，从南京各个地方集中到曾经的南湖电影院。大傻陪客人划拳拍照，大家都玩得非常尽兴。这是南湖新村自建成以来吸引外人最多、最集中的一次。2009 年 8 月 27 日，大傻去世。次日 JEEP 酒吧举办了追思活动，影迷们再一次涌到南湖新村，屏幕上播放着大傻的影像，舞队跳着没有主角的舞蹈，人们聚在这里集体追忆过去。笔者访谈过程中，只要提及南湖电影院，南湖新村的居民们无一例外会兴奋地提到大傻，紧接着下

一句就是："大傻已经挂掉了。"

5.2 俦小哥（2008 年入住莫愁新村，苏北人）
"现在跟我第一印象一样。"

现在

环境挺好。觉得这里比较安静，周边环境好，就在这里租了房子。一套二室的租金 1600（元）每月。

不跟邻居讲话，去帮忙觉得会被别人怀疑别有用心。

最不好的地方是这里人说话看不起外地人，还有是防盗系统太差，丢了两辆电动车，报警也没有用，有看车的人，不起作用。

有想过换房子，但是在这边住习惯了，不想走。

平时在门口的超市买生活用品，旁边的鸭子店味道很好，经常到莫愁湖和南湖散散步。不知道西祠街区是什么东西。

6 周边居民

6.1 柳爷爷（1991 年入住茶南）
"变化大啊。"

过去

1991 年洪武路工人文化宫拆迁安置到茶南。以前住在堂子街。按面积分房子，大了添钱。

不去电影院，那里要花钱的。老头老太婆都不去。

现在

我 80 多岁，私塾文化，一个月工资 2000 多块。

南湖里人太杂。这边有很多下放时期的朋友，所以都过来玩。南湖广场，（晒太阳）散步到南湖广场，一刻钟路程。

洗澡的时候会到南湖来，"大澡堂子"，冬天洗，四五月不来，那时候人也少。有时会过来到菜场买菜。

南湖里有很多工人，他们以前地位高，现在不行了，被党遗忘了，想讲不敢讲，会比较敏感抵制采访的。

莫愁湖西门有个亭子，早上 9 点到 11 点，叙国民党的旧。

备注

"大澡堂子"是南湖新村居民的暗语。它位于南湖东路公共服务区域西北角，现招牌名为"华清池"。在南湖新村竣工之后很长一段时间内，它都是南湖新村及附近唯一的澡堂，南湖新村的居民都称呼它为"大澡堂子"。后来南湖路上新建了一家"文泉洗浴中心"，由于较新、较干净，吸引了这边的女士们，男人们仍然钟情于大澡堂子。周边其他小区年纪较大的居民现在也常到大澡堂子洗浴。

7 南京市民

7.1 朱坚强（住万达广场附近）
"南湖新村没有以前那么乱了。"

过去

我第一次去南湖是 2007 年的时候。之前路过多次，从来没有在那里逛一逛，因为在我的印象里面，南湖就是一个大居民村，除了人还是

SAC

人，不逛也罢。

印象里对南湖最多的评价就是一个字：乱。小区之多、人口之密之杂，三教九流和社会底层的人占绝大多数，所以那里的夜宵、排档生活也是相当繁华的。不仅南湖人喜欢，绝大多数都是从其他地方赶来喝酒吃食的。沿街的摊位以及商铺，既有像样的大排档，也有极普通的小食店。正因为这里的夜晚从不寂寞，所以莫名其妙的事情多有发生，显得不那么安全，起码在我们旁人的眼里。

似乎大部分人认为，那些在夏季的晚上袒胸露背大口吃肉大口喝酒大口抽烟的男男女女就是这个社会麻烦的制造源。

新闻上对于南湖的报道要么是这里出事了，要么是那里脏乱差，基本都是负面的。

2007年的时候，我因为要送同学回家（笔者注："同学"实指初恋女友），几乎每天都要在南湖走一趟，待同学回家，我就顺着南湖电影院那条街出来，走到水西门大街，再转公交车。

那时候，五洋大市场很破很旧，南湖电影院也是。五洋的破旧从外面看去，仿佛这个商场被一层破铁皮裹着，年代久远，使得破铁皮生的绣都脱落了，那时候感觉附近的居民去五洋买东西都是一脸的不得已和不情愿。南湖电影院在我路过那两年正好赶上重修，门口被围了起来，从朋友那里得知，这个电影院早已失去公用，每天晚上都是民工喜欢进去看一些色情表演之类的。当时我还蛮惊讶的。话说这样的场所就这么明目张胆地存在，好家伙。

当然那时候我每天路过南湖，看到不少小吃店经常排队，也从朋友那里知道不少好吃的

店。这也不奇怪，这么多人聚居的地方，你很难把东西做得太难吃。

那时候听得最多的是一家名为"成诚酥烧饼"的店，他们家无时不刻在排队，只要店是开张的。开始没有限购这回事，但是很多人一排队很久，一买又买很多，更有甚者一买二三百个。后来就实行限购了，每人20个，不得多买。

变化 + 现在

南湖的变化是巨大的。我不是一个住在那里的人，从2007年在那里散步到前些时候再去转，南湖的现代感越发强烈，当然这些大的变化还是集中在南湖外沿，就是水西门大街附近。越往里面走，变化其实越小。

比如水西门大街两边的商铺，统一换了招牌，也进行了整改，像85°C这样的面包店也进驻南湖。饭店多了，高楼多了，南湖公园旁边还出现了饭店的聚集地。五洋大市场装修一新，南湖电影院也重新开张。

南湖附近的整改小修每年都在悄无声息地进行着，但是你往深了走，小巷子还是小巷子，面馆还是那家面馆，变化不大。我想南湖现在的变化和人群的流动不无关系，很多人搬了出去，也有很多人住了进来。年轻人的增加，使得南湖的社区建设和市政建设不得不跟上南京乃至全国的脚步。当然西祠街区南湖广场那块还是我记忆里的老样子，尤其那些饭店、面馆、水果摊，还是原来的模样。

伪摇在西祠街区做过一次摇滚演出（笔者注：指2009年5月30日下午2点到晚上10点，伪摇滚俱乐部在西祠街区举办的"潮乐"露天大派对），

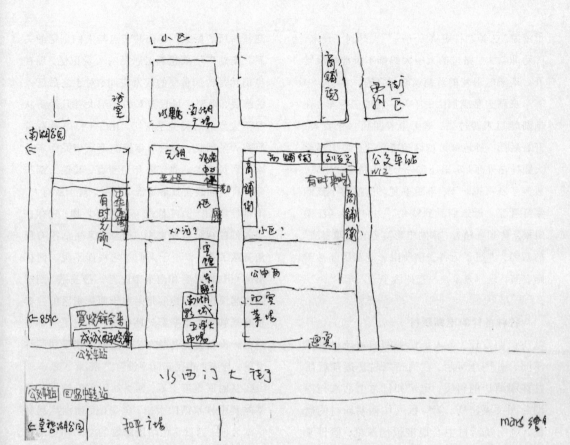

＊3 朱坚强自绘南湖新村地图

我去了，感觉还不错。

　　总的来说，南湖现在处于一个良性发展的状态，无论是那里的建设还是氛围都越来越好，而我们听到的对南湖的评价也越来越好。最难能可贵的是南湖依然保持着它的特色，在不断改进，而不是全盘否定从新来过，我觉得这个特别重要。

备注

关于南湖新村的色情表演。南湖电影院最早就是电影院，2000 年左右因经营不善倒闭了，被承包下来做艳舞厅。采访对象黄美女也详细描述过当时的情况："大概在下午 5、6 点的黄金时间段，总能看到电影院门口站着一排艳俗的妇女扭啊扭，放着山寨电子音乐，活闹鬼蹲在路边流口水。大喇叭里播放着：'5 块钱进来看，豪华真人舞蹈表演，20 块钱近距离，去掉一件很清凉,去掉两件更清凉……'尤其到了周末,阵势非常大,路过的大爷大妈都不齿地把脸转开。南湖电影院的营销策略里还有一部分,一辆车身两边贴满拙劣的手写广告的三轮车,在南湖转过来转过去,里面坐着四到六个女人,开着后门,货色最好的两位靠门坐,伸出黑丝大腿挂在外面。车里还有一个男人负责放喇叭,放完了就再摁一下,不断重复。南湖的小孩们都吓死了,母亲们看到就骂。"2002 年《江南时报》曾刊登题为"南湖电影院竟有艳舞表演"的新闻,讲述了记者去南湖电影院亲历淫秽舞蹈表演。这(现象)一直持续了五六年。

各种各样的南湖新村

从访谈中发现,各人记忆中的南湖新村迥然不同。如图 4 所示,在南湖新村建造前就居住在南湖边的村民,记忆和日常生活都与南湖公园关系密切;第一批入住南湖新村的居民,对南湖新村中心地带记忆深刻,但日常生活现状不一定与之相关;对于迁出者,最重要的是南湖新村中某个在他们目前生活中占有重要地位的地点;买房迁入者的活动集中于水西门大街,而经济条件较差的公房安置者,生活状态与最早的南湖居民相当类似;租房客的日常生活与南湖新村的中心无关,集中在新建的公共空间,如西祠街区、体育大厦、南湖公园,并且活动范围较大,大量波及南京其他地点;与周边居民密切相关的地点有南湖广场、大澡堂、迎宾菜市场等;而对于南京市民来说,水西门大街味美的小店铺非常重要。

按照空间地点可以分别探索 2003 年后南

湖新村所"振兴"的公共节点与人们记忆的关系。南湖广场承担着老居民的大量记忆,现在也仍然是他们重要的日常空间;对于之后迁入的居民,南湖广场只跟其中年纪大并且经济状况不太好的居民关系密切。JEEP CLUB 承载着所有人的回忆,却只与年轻的南京市民而不是南湖居民有关。除了青年租房客,其他人都与五洋百货和迎宾菜市场密切相关。对于所有人,华世佳宝妇产医院都是一个神秘之物,它存在于人们的视觉景象之中,却与日常生活没有任何直接关系,以至于人们对它视而不见。西祠街区只与租房客和南京市民有一些关系,南湖新村居民更感兴趣的是附属于西祠街区的停车场和棋牌室。南湖新天地在所有人记忆中都是空白。南湖公园是所有公共空间中最受居民称赞的,与南京市民却几乎没有关系。

从时间维度上看,回忆所附着的空间位置基本集中在水西门大街、电影院、南湖广场和南湖公园,而日常生活所附着的空间却更为分散。可以看出,人们日常生活的差异性正在增大。如果我们承认差异性是城市生活中最重要的一点,承认南湖新村可被认知为一个完整的个体,那么,南湖新村正在被城市所吞噬。

A 最早居住于南湖边的居民

B 第一批南湖新村的居民

C 迁出者

D 迁入者

E 租房客

F 周边居民

G 南京市民

H 以上总和

SAC

＊4 2003 年后南湖新村所"振兴"的公共节点与人们记忆的关系。

个体记忆补遗

此部分收录了未绘制个体记忆地图的其他访谈记录。

人物：法奶奶

访谈记录

1986 年至今居住于文体西村（丈夫离休分到的房子，已去世。父亲住宁海路，101 岁）。曾是宁海街道办事处主任，1990 年退休后到派出所工作到 2001 年，派出所付给月工资 140 元。目前月收入 5900 元左右。

下放户和菜农多，素质低，到处打牌，狗随地拉屎，治安不好。不怎么跟周围邻居联系。

这么多年过去，买东西比以前方便了。以前没医院只有卫生所。

人物：张爷爷

访谈记录

从部队转业后在供销社工作，40 多岁离休后住到南苑新村。

1999 年，几千块钱买下来的房子（单位特例给的）。西苑小区拆迁户很多。住进去之前，房子空着。

人物：食奶奶

访谈记录

一家五口，老两口和小儿子三口，住在莫愁新村。

1959 年水西门大桥工程拆迁，大家自己找住的地方，政府不管。当时野蛮强拆，自己在这边找棚屋住。

城墙都是房管所在拆，拆来盖平房。

现在有垃圾站，挺方便的。

以前有食堂，是街道办的，有时候会过去拿粮票打饭。

人物：王大哥

访谈记录

2006 年在沿河二村买的房子，近 8 000 元 / 平米。工作于侵华日军南京大屠杀遇难同胞纪念馆研究部。家人住在湖心花园的党校宿舍，所以就买在了这边。政治系严老师也住在南湖新村。

人物：干爷爷

访谈记录

1995 年新街口拆迁搬过来，加了几千块到城外住大房子。在茶南和南湖两地挑，挑了这里。

人物：口大伯

访谈记录

南湖新天地以前差点建成高层，后来反映说影响南湖景观，才作罢。文体路不会再拆了，政府没钱，2000 年以后拆迁很难了。

人物：鱼爷爷

笔者备注

鱼爷爷痛斥拆迁时的 66 块钱问题……他以前住新街口，后来给了 66 块钱，就让搬过来了。具体有没有给房子不清楚。

人物：黑大姐

访谈记录

电梯房太黑了。

人物：冯爷爷

访谈记录

（我是）这边最老的人了，在南湖边住了80多年，以前住大树下的七架房。

以前这边都是田，看到人稀奇得很。

人物：叶爷爷

访谈记录

二轻局职工，拿的是单位计划外的房子，住在车站村。平时去奥体中心钓鱼，南湖公园要收钱，不去。

人物：武爷爷

访谈记录

住在沿河三村。白下区将沿河三村给机床厂建，机床厂拿一半出来给自己员工住。

人物：韦奶奶

访谈记录

住在利民村，南京市建设公司员工。

下放的都是些思想不好的人，大家都不愿意下放。自己本来在政府的下放名单里面，结果工厂不放人。有些工厂效益不好的就下放了很多人，一般都有接近一半的被下放。下放下去没有工资，下面的公社会给点补贴，也就是免费给米之类的。

对面的几栋施工质量都很差，漏雨，当时赶工期。我这栋要好得多。

SAC

解编织：

早期东海大学的校园规划与设计历程

1953—1956*

〜〜〜〜〜〜

郭文亮

前言：提问

我们并不能从历史的文本中，直接听到"理"的声音；历史文本是多元结构的结构发生作用之后，听不清楚也难以辨认的一堆谱记。

路易·阿尔都塞（Louis Althusser），1968年[1]

好几年前，在一篇讨论汉宝德先生早期作品的文章里，我曾指出各家近代台湾建筑史的论述里几个常常出现的问题：误以为形式相同意义也就相同，满足于单一解读、忽视复义性，以及过度附会脉络、结构的解读。[2] 这些问题源自于方法论上某种不自觉的约化论（reductionism），往往未作深入检视，就轻易挪用其他学域的叙述（narrative），作为自己的解读架构。无论是偏重风格、形式的"传统或现代"，还是强调政经的"'国族'主义"的叙述，讲来讲去，总能在台湾的建筑现象里"找到证据"，进而印证某些预设的叙述，确认原本诠释不同时空脉络的"意义"。概括地讲，此类循环论证（tautology）的解读基本上都倾向远观大局，

或者迁就预设叙述的特定局部，缺少比较仔细的近身观察，因而小看了总体历史的复杂性，也抹杀了个别历史进程的特殊性。

结构[3] 对于现象或事件具有深远影响不是我要质疑的问题。我要指出的是，历史并不只是单向的由结构引发的事件组合，虽然某些宏观的结构的确具有支配性的影响力，但是结构最后还是必须透过具体的人或其他

—

* 本文是《侧写东海建筑之一：1956年之前的东海大学校园规划与设计》（刊载于台湾《建筑师》杂志，406期，2008年10月，93-97页）一文的改写。除了一些勘误与修改以外，眼前这个新版本，有两点比较重要的增补：第一点是参考后来发现的一些数据，对早期东海校园建筑设计的实际状况，建构了更完整的"案发过程"，也由此作了进一步的推理；第二点则是参考南京大学胡恒老师的建议，尝试在此基础之上，展开一些理论层面的讨论，希望能由东海这个60年前的个案，总结出某些具有概括意义的分析取向，作为以后分析台湾或相似处境建筑经验的参考。

—

1. "...the text of history is not a text in which a voice (logos) speaks, but the inaudible and illegible notation of the effects of a structure of structures." Althusser & Balibar, 1970: 17。

—

2. 郭文亮，2005: 67 ff.。

—

3. 在本文里，"结构"泛指所有具备相当程度的普遍性的制度、关系、价值、语言、思维、技术、知识，等等。只要在时间上延续得够久，在空间上作用得够广，都可以被视为马克思所说，某种"不因个人意志而更改"，对社会现象具有相当程度影响，因此被归诸相对于"表面"的"结构性"因子。

SAC

机构为"中介"（agent），才能驱动五花八门的现实世界；各种各样的"传输线路"，势必会对结构的作用进行调整、扭曲，甚至"重设"。所以，就具体的运作而言，历史是"多元决定"（over-determined）的[4]，不同文化里的个人或者机构都有其特殊性，他们与结构连接的方式及位置也各有不同；这些差异的排列组合造就了总体历史的复杂性，也衍生出个别历史进程的特殊性。[5]想要捕捉近代台湾建筑发展的差异性与特殊性，必须透过个别的人、机构与过程，解读近代台湾建筑如何与既有的大结构（例如"冷战世界结构"）建立联系，这样才能产生出针对台湾的、近代的、建筑的历史解释，而非只是拿近代台湾建筑来当作另一些别处、别人，或者其他学科历史的脚注。

几年前讨论汉先生的那篇文章里，我从文本的"症候阅读"（symptomatic reading）[6]入手，透过"个人"来解读某个局部的、因此也是特殊的台湾近代建筑的历史进程。在本文中，我尝试处理同时包含个人与机构，另一种比较复杂的"过程"。就比较严肃的方法论而言，我一开始所参考的，是艺术史研究里"赞助体制"（patronage）这类的研究。[7]但是读者也可以用一种比较轻松的角度，把本文当成一种侦探的演练，以一种刑案侦察里常见的"侧写"（profiling）方式，搜集并且编织数据与证物，一点一点地推论"凶手"可能的作案模式与作案过程，而非依靠大棒子（大叙述）屈打成招。

我们一般以为东海校园是贝聿铭的作品，但是贝自己却说，"我只是对规划方案提出了初步的蓝图，具体的规划则由陈其宽(1921—2007)、张肇康（1922—1992）二位先生执行"[8]，并且未曾将路思义教堂以外的东海校舍列为他个人或事务所的作品。常常为东海早期校舍的著作权放话的，反倒是陈、张两位先生，因而常导致一些"这是谁做的？"之类的困扰。如果我们以实证的态度，检视一些保存至今的图样，就会发现，许多图纸上所盖的，却是一向默不作声的林澍民建筑师的印章。如果我们想由建管单位的记录，确认(申请建照的)建筑师是谁，结果还是枉然；因为地处都市计划区以外，所以1955年台中市政府发给东海的，是"全部工程……一整个建筑许可证"[9]，而且这个许可被东海一

---

4. Althusser, 1977: 206。

---

5. 史书美在《现代的诱惑》里，就将中国的现代性分为"京派"与"海派"两种路线。(Shu-mei Shi, 2007)模拟于此，台湾建筑的"现代"，就大脉络而言，至少可以分出日系、陆系与1960年代以后的美系三种；如果再就这些系统与其他社会机制(学院、地产、社会运动等)联系起来进行观察与分析，故事将会变得非常复杂。

---

6. Althusser, 1970: 27。

---

7. Antel, 1948。

---

8. 贝聿铭访谈，录于：林兵，2003：194。

---

9. 资料55_0120：1f；陈其宽，1991：77。

＊1　1958 年东海校园鸟瞰。此时，位于文理大道南侧，（本图中下）属于第二期校舍的理学院与（旧）图书馆也已完工。本图里，属于第一期校舍是图面上 1/3，文理大道北侧的文学院、行政楼与男生宿舍。

路用到 1970 年代。换句话说，在法律上不存在一个"个体的作者"。这篇文章的目的，就是要将这一连串不太符合常规也有点复杂的状况，作一次初步的整理。

在具体的研究范围上，我以 1953 年东海确定在台建校，到 1956 年第一期校舍[10] 完工的期间为限＊1，整理耶鲁大学神学院图书馆所藏的"中国基督教大学联合董事会"（United Board for Christian Colleges in China，以下简称"联董会"）的档案数据，与东海大学图书馆特藏组所保存的校董会与建筑委员会等资料[11]，重建初期东海校园规划与设计的衍生历程，整

理出其中特有的一些模式与结构，作为日后进一步解读的基础。所以，本文的意图，在于由实证数据重构东海校园建筑的规划设计历程，并以此为基础，分析这个历程里实际运作的多种动力，希望能够借此填补历来有关东海的讨论里，过度强调宏观架构（例如冷战时期美国文化霸权），或者只聚焦作品、作者（例如张肇康、贝聿铭的中国情怀）[12] 两种极端之间的空白。

启动：设计与规划之前，1949—1954

美国各教会……派往中国的人，……给予了中国人民以西方观念和西方生活方式、基督教的思想及实践、西方教育、现代科学、医药的进步、机械的艺术。

司徒雷登, 1954 年[13]

---

10. 本文里所说的东海大学第一期校舍，是指行政大楼、文学院、男生宿舍一至八栋、女生宿舍一至四栋、ABC 式教职员宿舍等，由林澍民建筑师负责现场施工的校舍建筑。

11. 本文必须感谢东海大学历史系洪铭水教授慷慨出借他所搜集的藏于美国耶鲁大学神学院图书馆的联董会资料。同时我也非常感谢东海大学总图书馆特藏组的黄进兴组长与同仁，在查阅资料方面的协助。

---

12. 村松伸，1984：92 f；廖建彰，2001：75，82；王增荣，1984：52；曾光宗，1988：95 f。

---

13. John Leighton Stuart, 1984: 324。

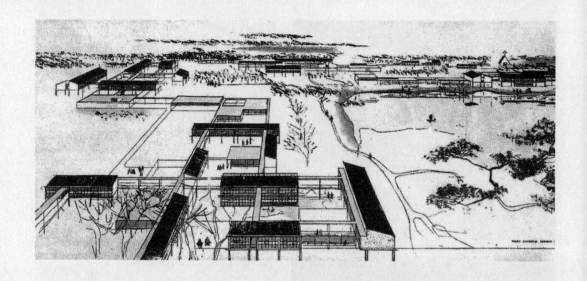

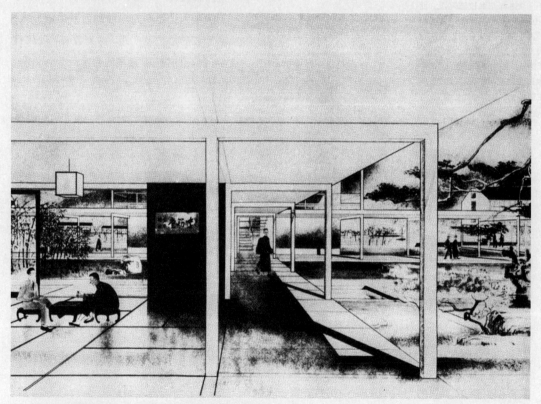

＊2 格罗皮乌斯与弗莱彻（N. Fletcher）设计的上海华东大学，1948 年。

1946 年太平洋战争结束以后，联董会马上就开始筹划由圣约翰、东吴、之江、沪江四所教会大学合并而成的上海华东大学（East China [Union] University），并委托格罗皮乌斯（Walter Gropius, 1883—1969）设计。*2虽然本案进行并不顺利，沪江、圣约翰先后在 1946 年和 1948 年退出，计划因而夭折，但可能就是这样的因缘，让参与此案的贝聿铭结识了 1947—1948 年间，曾因华东一案而"频繁拜访"剑桥的联董会执行秘书长芳卫廉博士（Dr. William Purviance Fenn, 1902—？），[14] 埋下日后参加东海建校的契机。

1949 年中华人民共和国成立之初，联董会对于中国教会大学的未来先是保持观望，直到 1951 年中国政府正式接收各教会大学之后，才在该年 6 月成立了"亚洲服务临时委员会"（Ad hoc Committee on Service in Asia，以下简称"临委会"），开始策划资助中国大陆以外的"中国与亚洲西太平洋的基督教高等教育"。第一个在此策划下成立的，就是同年 10 月建校，后来并入香港中文大学的香港崇基学院。[15]

早在临委会成立之前，前燕京大学总务长蔡一谔与音乐系主任范天祥（Dr. Bliss Mitchell Wiant, 1895—1975）就曾经向联董会提出在台湾成立大学的建议。同时期里，东吴、燕京、金陵来台的校友，也先后向联董会提出在台复校，或者合组类似抗日战争期间"联合流亡大学"的要求。面对一波接一波来自台湾的压力，临委会做出两个决议：首先申明不资助流亡大学复校，而且不支持"任何以大陆教会之名提出的计划案"；同时决定

派遣芳卫廉访问亚洲各国，搜集信息、了解状况，为未来可能的计划预做准备。[16]

1952 年 1 月芳卫廉抵台，与教育界及宗教界人士交换意见，在台设校一事开始出现转折。[17]台湾基督长老教会以长久以来存在于差会之间的默契（一个地区应由先到差会主导包括设立学校在内，有关宣教的所有事宜）为理由，取得美国联合长老教会在联董会代表勒柏（Dr. Charles Leber）的支持，并在联董会中通过"应由台湾基督教社群提出教会大学申请"的决议。台湾基督长老教会随即在第二届总会之中通过决议，派遣正在英国留学的黄武东牧师赴美，向联董会正式表达"台湾基督长老教会总会有绝大的关心，欢迎中国基督教大学联合董事会所计划将于台湾建设大学之事，同时总会愿表示绝大的协力来帮忙这个目的的达成"的意向，[18]联董会于是在 1952 年 6 月成立"预定设立于福尔摩沙的基督教大学的附属委员会"（Sub-Committee on the Proposed Christian University in Formosa，以下简称"附属委员会"），并在 1953 年夏天通过

—
14. Fenn, 1976: 217 f；Fenn, 1980: 62。
—
15. 王冬凌, 1997: 39；Fenn, 1980: 68, 74；吴梓明, 2003：109。
—
16. 资料 58_06：2 f。
—
17. 资料 58_06：4。
—
18. 黄武东, 1988：216 f。

"在台设校，并请台湾基督长老教会为共同创办人 [co-founder] 的决议。[19] 同年 6 月，联董会驻台代表格雷厄姆博士（Dr. Thomas W. Graham）与芳卫廉来台成立"基督教大学筹备会"；随后选定台中大肚山校址，并在 9 月确定校名为"东海"，10 月 2 日成立"东海大学董事会"（以下简称"校董会"），选出第一任董事长杭立武，并且马上成立财务、建筑等委员会，开始各项建校实质工作的筹划。

东海大学的立校宗旨，大致在 1952 年 3 月芳卫廉所撰《我所欲见设于台湾之基督教大学的形态备忘录》（"Memorandum to the Trustees on the Kind of Christian College I would like to See on Formosa"，以下简称《备忘录》）与同年 6 月联董会通过之 "A Statement on the Aims and Purpose of the Proposed Christian College"（大致相当于日后中译的《私立东海大学设置的目的和方针》，以下简称《目的和方针》）两份文件里，作了相当程度的厘清。很值得注意的是，联董会此时显然已深切意识到，新教差会在中国累积了一个世纪的办学经验之后[20]，从教学方针乃至校园氛围，都必须进行彻底的检讨，因而果决作出"不因袭大陆传统"的决定。但是，如果应该跟让联董会伤心的燕京和圣约翰有所不同，这所必须能"抗拒流行的唯物思想"，而且"不是白领阶级养成所"的"小型大学"[21]，究竟该有一个怎样的校园环境呢？两篇文件里，并没有出现明确的描述。

1953 年 11 月 19 日，纽约的"东海大学委员会"（Committee on Tunghai University，原"附属委员会"改编，以下简称"委员会"）的会议记录里，首次出现"来自台湾，建筑师绘制的教学楼与宿舍图样"的内容。这份图样的内容究竟如何，我们至今没有任何线索[22]；但这份委员会也不太满意的图样，却引发了对日后的规划设计颇具参考价值的一些讨论。讨论的内容大概可以归纳出以下几个重点：①对该方案的"俗套"（conventionality）表示失望，认为东海校舍应采用小规模建筑群（small grouping），而非大型官样建筑（large formal structures）；②确认东海校园的规划与设计，应该呼应"师生关系中的民主价值"等在《备忘录》与《目的和方针》中所列举的基督教大学特质；③强调"差异"，不但要与过去中国教会大学不同，也必须要与一般大学校舍的俗套想法（conventional concepts of both academic and dormitory buildings）有所不同；④建议征求比较不那么俗套、刻板的替代方案。[23] 根据最后一点建议，12 月 17 日召开的委员会

19. 东大校史会，2006：9；黄武东，1988：216 f.。

20. 如果从 1835 年罗便臣（George Robinson）与马儒翰（John Morrison）创办于澳门的马礼逊学校（Morrison School）算起的话。

21. Fenn, 1995 / 1952：7 f；东海大学第一届董事会，2003 / 1953：151-152。

22. 这份设计图的作者，可能性最高的，应该是 1953 年底以联董会驻地建筑师身份来台的杨介眉。不过，目前我们还没有任何证据可以确认此点假设。

23. 资料 53_1119：4 - 5。

进一步决定在台湾举办竞图，以"带进建筑方面新的想法"。

对照以上的脉络，我们可以了解，纽约方面对于这个竞图的想法，比较类似概念竞图；是想多参考一些不同的想法以避免落入"俗套"，而非一个决定设计权归属的正式竞图。所以在后来公布的征图办法里，图面要求不多，奖金给的也不多，首奖只有新台币一万元；并且声明"中选后图样，其所有权即属于本会（校董会），无论采用全部或一部，都不再给酬报"。[24] 换句话说，赢得首奖的人，不见得取得设计权，却必须放弃著作权，任由校方处置设计方案。由于认知的差异，如此"不公平"的条件，在当时的台湾建筑界引发不小的争议，导致台湾省建筑师公会的抗议，甚至通告所有会员不要参加该次竞图。[25] 虽然发生这些波折，1954 年 2 月 12 日竞图截止时，总共收件仍有 22 份，随即由三位校董会成员，加上芳卫廉与贝聿铭、何士（Harry Hussey）两位建筑师组成委员会，进行评审。[26] 在 1954 年，贝聿铭仍是建商"威奈公司"（Webb & Knapp, Inc.）的建筑部主任，自己并未开业，所以是在老板齐肯多夫（William Zeckendorf, 1905—1976）的同意之下，以不支薪的"顾问"身份，来台参与评审。参照齐肯多夫同意提供"工作空间"供贝使用，进行非公司业务的设计案，以及 2 月来台以前，贝已与芳卫廉及第二任联董会驻台代表陈锡恩博士（1902—1991）就校园规划交换过意见等等线索，我们可以推测，在 1954 年初，贝与联董会可能已经有了一定的默契，将由贝主持接下来的东海校

园规划与设计。但是，此时竞图早已公告，横生枝节势必引起轩然大波，因此 2 月 11 日纽约委员会会议里针对"有关贝先生的安排所意味的新方向的尴尬处境"[27] 进行讨论。虽然我们无法从会议记录里清楚地知道讨论的结果，但对照以上的来龙去脉，我们可以把 2 月 12 日芳卫廉陪伴贝来台的安排，解读为前一天委员会会议对于前述"尴尬处境"的因应处理——由芳陪贝以"评审"身份来台，暗示联董会对于贝的支持，等待适当时机再予以"扶正"，成为实质主舵的规划与设计者。

2 月 12 日来台以后，贝很快取得了竞图评审的主导权。虽然选出林庆丰（1913—1995）与吉坂隆正（1917—1980）的作品为首奖，但由于"所有收到图样标准甚低……实无一人足以当选"，贝继而宣布"初步设计工作，将在纽约办理"，并且会"有青年华籍建筑师二人，可以参加协助。"[28] 东海校园规划与设计的工作雏形，至此确定——贝聿铭，一位不支薪也未曾与联董会或东海校方签订设计合约的"顾问"，跟陈其宽、张肇康组成一个一

---

24. 资料 54_0112：7。

---

25. 孙立和，1993：69。

---

26. 资料 54_0112：5；资料 54_0211：2；黄建敏，2007：25。

---

27. 资料 54_0211：3。

---

28. 资料 54_0227：5 f。

SAC

起工作但又非正规建筑事务所的非正式团队。如此的工作模式，与一般所认知的建筑实践模式出入很大，也因而埋下日后争议的导火线。过去我们常常忽略如此模式之下所建成的东海其实是一个"特例"，反而从一些事实上并不成立的"常规"模式来理解东海校园与建筑，因而导致某些解读上的偏离，甚至误解。这是我们讨论东海校园与建筑的时候，必须纳入意识的一个前提。

机制：东海校园规划与设计的工作架构

我从过去的营建经验里学到，不必像美国的承建厂商那样，完全按照建筑师的设计图来施工。

*雷蒙德·理查（Raymond C. Richer），
华西协和大学怀德堂行政楼营建总监, 1920 年*[29]

在校园建筑方面，教会大学开创了以现代工法搭配传统中国风格的建筑风潮，进而引发了 1920 年代中期以后，呼应文化保守主义的"中国文艺复兴"或者"中国古典式样"的风行。[30]为了因应从设计到实质营建的种种问题，教会大学也发展出一些特殊的工作模式。

19 世纪列强来华，引入西式建筑之后，西式设计衔接中国营建体系，立即面临严重的问题。原因在中西建筑之间的差异并不只限于形式，同时也涉及营造工法、设计流程、安全与卫生规范，甚至包括契约里责任义务的认知。首先，中国的工匠所理解、掌握的屋架、砖石

构法，与西方完全不同；另一方面，在中国的工匠体系里，设计与施做向来合一，所以不太画图，也就没有按图施工的习惯，完全不将设计图纸所规定的尺寸或工序当回事。除此以外，对于各类现代体制里营建相关的规范（例如安全、卫生的法规），同样也没有概念，只被当作参考。总而言知，从观念、知识，到工作模式、营建技术，乃至规范、制度，中西建筑之间存在着极大的鸿沟；即使在西方列强可以直接治理的港澳或租界地区，如此的落差，也都经历了相当漫长的过程才得以一步步弭平。[31]

面对相同的问题，早期的教会大学，通常是由母会在国外聘请外籍建筑师完成设计之后，再由中国在地的工匠或营造厂商进行施工。[32]设计与施做割离，加上中西建筑体系的差异，让教会大学的建筑工作经历了许多困难。因此在 1910 年代中期以后，教会

29. "I have learned from experience in these buildings that I should not attempt to follow as closely as a builder in America is supposed to follow, the architect's plan." Raymond C. Richer, Superintendent of Construction of Whiting Memorial Administration Building of WCUU, 1920, quoted in: Erh, Deke, & Johnston, Tess ed., 1998: 70.

30. 傅朝卿, 1993：91-112；蒋雅君, 2005：133 ff。

31. 马冠尧, 2011；黄信颖, 2012。

32. Pott, 1972: 11。

大学逐渐发展出两种改良的工作模式。第一种模式，是由外籍建筑师派遣专人驻地，负责设计修改与监工；或者直接在中国设立事务所，承担设计到监工的所有工作，处理形式与工法的落差。前者可以由设计金陵大学与齐鲁大学主要校舍建筑的美国芝加哥帕金斯建筑事务所（Perkins, Fellows & Hamilton Architects）为代表，后者则可以由主持金陵女子大学与燕京大学规划设计的墨菲与丹娜建筑事务所（Murphy & Dana Architects）为代表。第二种模式，则是由差会或教会学校自行设立建筑部门，统筹或与建筑师合作，处理相关建筑案的设计与营建工作。此种模式可以由柏林威（E. F. Black）与应该就是参与东海建校的范哲明（民）（Paul P. Wiant, 1887—1973）在福州成立的"协和建筑部"（Union Architectural Service），以及同一批人在上海设立的"卫理公会建筑部"（Methodist Architectural Service）为代表。[33] 在东海，联董会一开始所采取的是第二种模式，1957年以后才调整为第一种模式。

一般认知里的规划或设计工作模式，基本上是由两种角色构成：业主与建筑师（团队）。双方各自设定显性或隐性的（explicit or implicit）"议程"（agenda），再由后者组织发展成具体的方案。[34] 就业主一方来讲，1954年2月11日的委员会会议里，确定日后东海校园规划与设计的所有决策，应由纽约的委员会与台湾的校董会共同决定。因此可以说，1954年开始进行的东海校园规划与设计有两个业主（或者"业主代表"）：一个是台湾台中

的东海校董会，另一个则是设在纽约，附属于联董会之下的东海大学委员会。至于校园规划与建筑设计的建筑师（团队），也同样分为两个小队：一个是纽约的贝、陈、张三人团队，另一个则是长久以来总被忽略的杨介眉与范哲明双人组，分别在纽约和台中两地工作。

1953年底，杨介眉[35]受聘为联董会驻地建筑师（United Board Field Architect）来台；1954年4月，联董会再聘请范哲明[36]担任驻台"业主代表"（owner's representative），"主持管理建筑事宜"，直接在地处理东海建校各种建筑、

---

33. Cody, 2001: 16; Cody, 2003; New Horizon, Oct. 1955。

---

34. 这当然是一个为了讨论的便利而极度简化的讲法；一个更完整的模型至少还会纳入代表集体价值的公共部门与相关法规计划，以及代表技术常规与条件的实质营建单位。除此以外，还可能有资本、通路、媒体等因不同个案而介入的各类"议程"。

---

35. 杨介眉（Canning Young），生卒年月不详，就目前所得资料得知，曾担任华西大学建筑师。（杨天宏，2006：54）1954年10月请辞联董会驻东海建筑师后，转赴新加坡南洋大学，担任建筑工程主任（另有一说任职建筑顾问或校园建筑师）。1955年3月底，林语堂在校园权力争夺里落败，11人提出辞呈，杨离开新加坡。（林太乙，1989：266；施建伟，1994：238）

---

36. Paul P. Waint，先后有范哲明（民）、范天祥等中译；生卒年月不详，曾与柏林威（E. F. Black）在福州成立美国基督教卫理公会（即"美以美会"，Methodist Church）协和建筑部，担任部长。（Cody, 2003）

SAC

＊3 范哲明（左）与杨介眉（右）。

工程的相关问题。＊31954 年春天，纽约的贝聿铭以"义务顾问"身份"邀请"陈其宽、张肇康两人，参与东海校园规划与设计的工作。[37]在联董会的文件之中，陈、张两人的身份并不确定，有时被称为"助理"（assistant），有时又被称为"同事"（colleague；associate）。可以确定的是，这个三人组合并无事务所的正式聘雇或合伙关系，但由陈曾"向贝要求共同具名"一事来看[38]，隐约存在以贝为首的合作默契。

在具体的的运作上，在设计初期，杨、范两人奔走台美两地，先与纽约"纯做设计"的三人讨论，了解设计理念与做法；然后回台，向台湾的校董会解释设计，并且执行后续工作。[39]两人之中，范的角色比较多样，从

校地接收到挖掘水井、埋设管线、建筑围墙与工寮等等，无所不包，比较偏向工程师与工地经理的角色。原本应该在"设计发展"上扮演比较重要的角色的杨，因为在 1954 年10 月辞职，在设计上并没有多少发挥。

值得注意的是，贝、陈、张三人在纽约所做的设计，其实非常的简单而概括。目前可以确定是 1955 年以前所完成的图样，基本上只有校园配置平面与透视图＊4,5，文学院、行政大楼、男女生宿舍的平面与透视图，

37. 郑惠美，2006：21，26。

38. 同前引书：17。

39. 资料 54_0313：4；资料 54_ 0401：2。

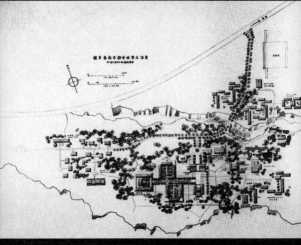

* 4 1954 年 7 月 1 日，目前所知最早的东海校园配置图。值得注意的是，过去多种版本配置图里从不曾出现的文理大道终端的建筑；此外，教堂也还没有确定在目前的位置。

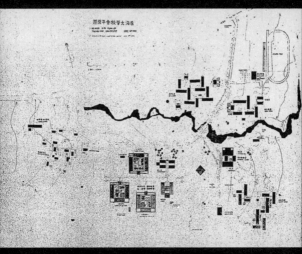

* 5 1954 年 9 月 5 日修订的东

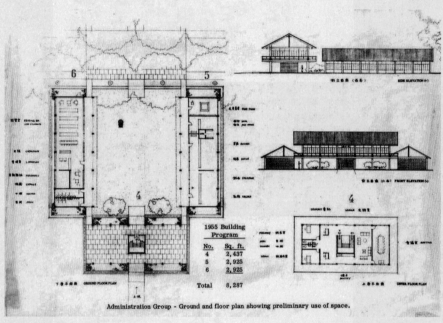

Administration Group - Ground and floor plan showing preliminary use of space.

1955 Building Program	
No.	Sq. ft.
4	2,437
5	2,925
6	2,925
Total	8,287

＊6 1954 年底，行政楼设计图，
1/32″=1′；小比例的三视图以外，
只有简单的面积计算，没有材料
与工法的说明。

＊7 1954 年 11 月，最后确定的
东海校园配置鸟瞰图，大致与同
年 9 月 5 日的配置图相符。图面
右端，原本在北侧的教职员宿舍，
被移到校园的南端，已被涂掉。
东海大学校长室公关组还有一张
较早期的，北侧教职员宿舍尚未
被涂掉的鸟瞰图复本。

而且图面比例不大（最大的只有 1/32"=1'，接近
1/400）＊6，对设计细节的说明有限。所以按
一般的标准来看，三人所完成的，其实只是
基本设计构想的描绘，只能算是草案设计。
在此前提之下，驻守台湾的第二组人马，杨、
范与后来林澍民的设计工作，就变得十分关
键，因而也更加吃重。

演绎：设计到施工，1954—1955

东海大学的规划已经是很多年以前了，当时
我只是对规划方案提出了初步的蓝图，具体
的规划则由陈其宽、张肇康二位先生执行。
　　　　　　　　　　　　　　　　贝聿铭[40]

1954 年 7 月 19 日，贝、张、陈三人的
方案在两度修正以后，得到联董会认可。贝

在委员会议中宣告，"他们的主要任务已经
完成"＊7，但是希望能检视后续主要建筑的
设计发展，以"确保整体校园建筑的质量"。
一直对贝尊重且信任有加的联董会接受了这
个要求，并决议"所有设计图样在最后核准
之前，必须交由贝检视，并且提供意见"。[41]
贝、张、陈从 1954 年到 1956 年夏天，在东海
校园与建筑计划里，并非常规定义之建筑师，
但可通过审核，主控但非直接发展设计的角
色因而确定。

确定由贝主导设计之后，原理上，驻守
台中现场的杨、范两人应该负责进一步的设
计发展，绘制施工图，经纽约审核之后，发

40. 贝聿铭访谈，录于：林兵，2003：194。

41. 资料 54_0719：2 f。

包施工。但是 1954 年 7 月"定案"的草案设计,实在太过粗略,有诸多问题,极需厘清。因此,同年 7 月的校董会里,范就曾抱怨,"纽约方面所设计者仅地盘图(配置图)一种,至于各项建筑个别图样及工程详细计划",在他看来根本"尚未设计"[42];同时也对贝等人的设计,提出材料与工法的种种质疑,要求纽约发展并修改设计。[43]但是贝却坚持自己的"任务已经完成",只需负责之后的"审核",不认为进一步的设计发展是他们的工作。台中与纽约双方,对于自己与对方所该做的工作内容各有看法,因而出现僵持,工程迟迟无法进行。1954 年 10 月杨离职以后,迫于来年就要开学的压力,台湾方面的态度逐渐软化。12 月初,校董会下的建筑委员会决议,"以热诚接受纽约贝聿铭建筑师及其同事所草拟之建筑计划"[44];12 月底范建议校董会,"纽约寄来之计划,仅为纲要,至于详细内容,则尚须此间就地设计",并建议将"各种详细设计图样及监工事宜,委托建筑师办理"。校董会于是授权范,经由比价,在年底聘请林澍民建筑师[45]取代原来杨的角色,负责设计与监工。自此时到 1955 年 6 月为止,东海大学的校园规划与建筑设计的工作模式,基本上就此确定——范、林两人在台中,根据贝、张、陈的草案发展设计,绘制详图寄给纽约审核;贝等人评注意见之后,寄回修改。[46]

由于开学在即,必须立即发包。1955 年初,范、林两人赶工完成了第一批施工图,寄予纽约。或许是因为设计并非范之所长,或者是因为林来不及赴美与贝讨论,因此对草案了解不足,总之该年 2 月,贝向委员会报告,表示对台湾寄来的第一批施工图"彻底的不满意",并且觉得发展设计的人"完全不了解设计的基本精神"。[47]

究竟范、林两人是如何的"不了解设计的基本精神"?我们或许可以从一张由林澍

42. 资料 54_0710:3, 9。

43. 资料 54_1220:3。

44. 资料 54_1220 b。

45. 林澍民(1892—1987),北京清华学校毕业(1916 年),美国明尼苏达大学建筑工学士(1920 年),美国哥伦比亚大学建筑硕士(1921 年)。1931 年在上海开设林澍民建筑师事务所,曾任北京工业大学教授、邮政局第一银行顾问、台湾省建筑技师公会常务理事。作品有:北平中央银行、天津久大精益公司、秦皇岛电灯厂、南京邮政储金汇业局、九江邮局、上海江南造船所房屋。来台后主要作品有台湾省议会(1958 年,南投县雾峰乡;与林柏年合作设计,新中国工程打捞公司承建)、基隆邮政局(1961 年),以及台北实践家专第一期校舍,等等。(赖德霖等编,2006:90;http://www.airoc.org.tw/km-portal/front/bin/ptdetail.phtml?Category=100006&Part=hsr-F01r5; http://www.wufeng.gov.tw/php/controlContain/controlContain.php?title=%AAu%AD%B2%A7%D3&state=introduce)

46. 资料 54_1214:2-4;林原,1992:227;曾光宗,1988:95。

47. 资料 55_0228:2。

SAC

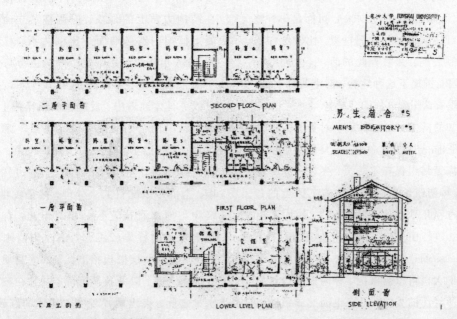

SAC

＊8 1955 年 2 月，右上角"东海大学 Tunghai University"标题之下，注记"林澍民建筑师"，之下注有 I. M. Pei 与 Paul P. Meint 的男五舍施工图，比例尺 1/100。

民领衔、注明"Revised: 27,2,55"的男生宿舍施工图[48]＊8 里一窥大概。这张比例尺 1/100 的图里男宿的平面格局，与后来 1957 年间张肇康手中完成的男生宿舍大致相同，但是在右下角侧面图里的山墙上，出现一个日后并未实际盖出来的八角窗。如果我们假设，这个开口设计正是因为与"设计精神"有所偏离而被贝等人否决，那么可以由此推理出贝、张、陈的东海建筑"精神"所在。仔细琢磨林澍民所设计的开口，虽然为墙后的交谊室与户外景观之间创造了一个还算有趣的空间层次，但是从工法的角度来想，这样的处理势必让清水红砖墙增加许多开口收边的处理；做出来没有问题，但会让山墙立面变得比较复杂。如果就是因为它的"复杂"，所以没有一

48．这批刊载在 1998 年 6 月《东海采风》第四辑的男生宿舍施工图，已无法在校方档案里找到原图，共有四张，内容有各层平面图（含屋面图）、长短向立面图，比例尺都是 1/100；以及一幅 1/20 的栏杆立面图，没有剖面图。

得到纽约的认可，我们也许可以由此推论，贝、张、陈原始设计所追求的，可能是一种整面清水红砖实墙对比水泥柱梁，比较纯粹的构筑体系表现。果真如此的话，让立面变得复杂，因而折损了这种纯粹、清晰的林澍民，显然并没有认识到这样的"精神"。

认知的落差，加上联董会对贝等人的力挺，似乎进一步导致了两组人马气势上的消长。东海营缮组保存了一页，夹在一份可能是 1955 年初纽约退回台湾的施工图上的备忘录，内容几乎就像老师改学生设计那样，列出近 20 项，由开口位置到构造细部的"不当"（undesirable）安排与处理，要求改进。*9 由此我们大概可以想象范、林两人在设计发展阶段所经历的委曲，可能也因此导致纽约方面对于两人逐渐失去了信心。忧心台湾方面的失误可能会造成难以挽回的麻烦，委员会于是在 2 月底接受了贝的意见，要求执行秘书长芳卫廉尽快赴台，现地了解状况，并且通知台湾，在芳抵台之前，不做任何签约动作；同时开始考虑"安排更合适的在地建筑代表"。49

我们还可以由 1955 年 6 月 22 日，署名"I.M. Pei Architect"，比例尺 1/50、1/10 的"各种屋顶、山墙立面与剖面大样图"*10 进一步推理出贝、张、陈三人与范、林两人对东海建筑"设计精神"掌握上的"差异"。仔细审视这些图里的细部处理之后，我们可以推测，贝、张、陈三人可能已经意识到原始设计中立面上柱梁尺寸过大、比例不佳的问题，所以刻意将梁与红砖墙相接处，

缩减了一个 15 厘米的缺口，保持混凝土梁在结构力学上的强度，但调整了立面上混凝土框架与红砖墙面的比例关系。仔细对照 1955 年林澍民手中完工的男三舍与 1957 年由张肇康设计、监造的男十六舍*11，就可以更具体地看出，反映在实质操作上，纽约与台中两个团队对"设计重点"掌握的落差。两组男生宿舍在楼层、跨距、格局上大致相同。左边的，林的男三舍一层的柱、墙，全部是以洗石工法处理，柱梁较粗，建筑物与地面直接连接。相对于此，右边的男十六舍则柱梁较细，工法改为清水混凝土；同时将一层楼板抬高，与不同材质的卵石地面之间，以一狭缝区隔；并且在三道清水梁之间，夹出两片外突 5 厘米的红砖墙，底端以竖砌收头；立面上梁深缩减 15 厘米的处理，也让走廊楼板（其实是缩减 15 厘米之后外露的混凝土梁）得以浮于梁上，区分出梁与板在构造体系之中支撑与填充（悬挂）的不同角色。两者相较，张肇康手下的男十六舍明显轻盈许多，结构体与填充墙面、建筑与地面的区分，条理分明。对照以上描述，我们似乎不得不承认，纽约与台中两个团队，在构筑细部处理的思考上，的确有所差别；在细腻与一致性上，档次不同。由此看来，贝对林澍民的批评，虽然有些苛刻，但似乎有其道理，并非找碴。

这样的差别说明，张肇康所代表的纽约团队对于建筑体系的掌握，已经细致到

—

49. 资料 55_0228：2。

SAC

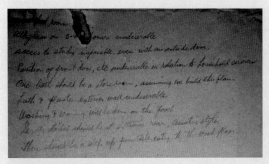

＊9 东海教职员三房宿舍 A House
施工图附件。部份内容中译如下：
1.西南外墙玻璃安排不当；2.即
使加了外门，书房走道的安排还是
不可能；3.考虑家务与服务机能，
前门与相关安排不当。

SAC

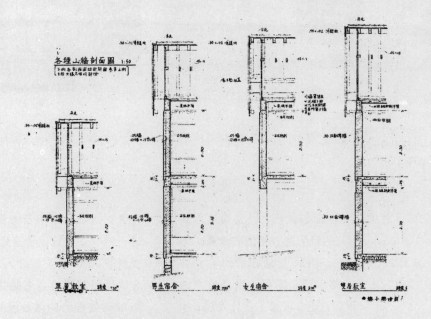

＊10 1955 年 6 月 22 日，右上角注
记 I.M.Pei Architect 的 "Ridges & Gable
End Walls Detail" 施工图，比例尺：
1/50, 1/10。（局部）

＊11 1955 年林澍民主导下完工
的东海男三舍（左），与 1957 年
张肇康手中完工的男十六舍（右）
山墙立面比较。

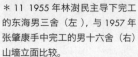

可以对梁柱与墙面的比例，以及构筑形式
（architectonics）的自明性有精细的诠释。而
6 月 22 日的这一套图，也意味着到了 1955
年中，贝已经意识到必须修正自己原本的
立场，不只审核，还必须接手设计发展，才
能有效掌握东海校园的设计质量，因此开
始动手发展各种建筑细部的设计。但是此
时，第一批男女生宿舍、文学院、行政楼都

已先后开工，来不及参照 6 月这批大样图
进行修改。仔细比较这批"失控"的校舍，
以及贝、张、陈三人介入之后的二、三期校
舍，我们发现两者之间的确存在一些工法
与细部处理上的微妙差异，值得再进一步
的仔细分析。

　　1955 年 9 月，范哲明退休前夕，贝第
二次来台，发现文学院平台的"施工质量

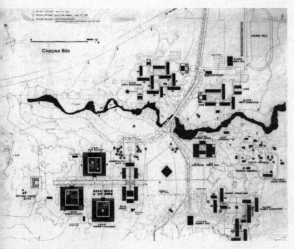

＊2 1954 年 11 月 29 日修订的
校园配置图，大致与现况相符。

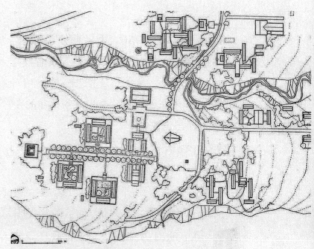

＊13 大约 1957 年的东海校园
配置图。对照图 10 可以发现，完
工后的中轴线（即后来的文理大
道）与原始设计相比，向南倾斜，
导致女生宿舍第二、四幢横亘于
中轴视野之中。

SAC

＊14 1957 年左右的东海大学文
理大道，可以看出正对大道中央的
女生宿舍"阻挡了完整的远山景观"
的问题。

不佳且不美观"；而且，由于测量错误，教
学建筑群的"中轴线偏离"，导致首批女生
宿舍"阻挡了完整的远山景观"等严重问
题。[50] ＊12,13,14 即使如此问题丛生，此时贝
仍未做任何人事更动。直到 1956 年，贝聿
铭第三次来台，发现校园景观与施工质量
还是不符预期，才当机立断，先后派遣张
肇康、陈其宽回台，负责设计发展、景观与
施工。[51]

50. 资料 55_1019：3。

51. 郑惠美，2006：33。

SAC

解读：1955—1956，第一期东海校舍工程，多位"作者"＋多位"读者"

作者的功用在于描述社会里某些论述的存在、流通与运作。

福柯，1977 年[52]

1955 年春天东海校园开始动工，在 1956 年 8 月张肇康回台之前，虽有贝、张、陈等人强势遥控，第一期的男女生宿舍、行政楼、文学院*15,16 都已先后在"完全不了解设计的基本精神"的范、林两人手中完成。纽约、台中两地的"合作"，衍生出两地两组设计思维及实践的对峙与碰撞。除了前段所描述的差异之外，这种碰撞还呈现在范反对、但纽约执意要做的文学院木柱与日式假石柱墩的细部，也出现在陈希望是木制、但被林替换成洗石的女宿栏杆上。两方的争执，最后是以 1956 年张肇康取代林澍民的人事变更作为结束。这个阶段里的对峙过程，以及可能双方都不完全满意的实体建筑成果，造就了早期东海校舍的特殊性，也让许多人常问的问题"东海校园建筑到底是谁做的？"难以回答。分辨这段期间东海校园与建筑设计著作权（authorship）的归属，真的有其必要吗？想必有人会提出质疑。但如果我们搁置"这是谁做的？"的追问，不从作者、作品的角度神秘化建筑创作，但又不愿落入约化的窠臼，将这段时期的东海校园与建筑简单地解释为"中国现代的探索"或者"冷战时局

的表征"，我们究竟该采用怎样的方法，来提取 1954 年到 1956 年之间东海校园与建筑设计的意义呢？

在阅读普及、消费支配所有事物的年代，作品的意义，已不再是由作者（生产者），而是由读者（消费者、市场）所决定。在这样的脉络之下，巴特（Roland Barthes, 1915—1980）宣告"作者已死"，瓦解了曾被当成意义之中心或原生起点的作者（与作品），揭示出当代（文学）文本的多维性；并且进一步宣称，多维的文本才是评论与诠释所应处理的对象。[53] 虽说巴特所讨论的是文学的文本，而建筑与文学，从形态到生产方式都有很大的差异；但多维，或者本文一开始曾提到的"多元决定"，其实正是建筑一贯的特性。关键的问题是，该如何分析此种多维、多元的编织。

在分析此种多维编织的时候，最方便的方法就是针对"动手的人"（作者）进行侦讯。但是我们该问些什么呢？由历史研究的角度追问"作者为何？"的福柯（Michel Foucault, 1926—1984），为我们提供了一个指引，增补了巴特的论点。福柯认为，如果把"文本"视为一种论述（discourse，话语）形构，那么中介论述运作的"作者"（as a function）不但

52. "The function of an author is to characterize the existence, circulation, and operation of certain discourses within a society." Foucault, 1977:
—
53. Barthes, 1974: 5; 1977: 146。

* 15 1956 年完工的校长办公室
与行政楼。

* 16 1956 年完工的文学院。

是这个形构过程里各种论述存在的证据，更重要的是，身为论述必要而且立即的"中介"，"作者"也会让我们更清楚地看见各种论述的流通与阻断，运作、故障或者偏向。因此"作者"（及其周边的相关发声者）将可以显示出宏观叙述所无法掌握的各种细节，让我们得以闪避本文一开始所忧虑的结构约化，同时也帮助我们更实在地掌握探究对象的特殊性，描绘出参与此一特定事件的论述形构过程里，各种内容被宣告、移位、认知的真实样貌。

以下，我将尝试根据以上取向，以复数"作者"——作为业主的联董会、校董会，以及设计者（贝、张、陈、林）为对象，解读 1954 年到 1956 年间东海校园与建筑设计的过程，以及台湾建筑界对此一事件的"解读"。

前文曾经提到，东海的规划与设计案有两个业主：台湾（台中）的东海校董会，以及设在纽约的委员会。从 1954 年年底台中"热诚接受纽约建筑计划"[54] 的宣告，以及筹建期间的数度争议，可以推测，虽然形式上东海校园规划与校舍设计的所有决策是由委员会与校董会共同决定，但在现实的运作里，可以直接与联董会对话的委员会的权力其实远远强过校董会。对照两边的会议记录，也会发现，绝大部分的决定都是先由纽约的委员会做成决议，再转交台湾的校董会作最后的确认。当两边意见相左的时候，最后通过的往往还是纽约的方案。

而纽约对东海校园的想象，其实隐含着联董会在中国遭逢挫折以后，衔接中国教会

大学百年传承，既"延续"也"差异"的思考。在 1952 年纽约委员会圆桌讨论里，耶鲁大学讲座教授，同时也是知名基督教育家韦斯博士（Dr. Paul Vieth, 1895—1978）沉痛指出，中国教会大学的失败，在于跟中国社会脱节，却又深受物质文明的污染。因此，韦斯博士主张东海大学应该远离代表物质文明的城市，但也必须融入它所身处的环境；从而主张，在建筑的形态上，绝不可重复过去中国教会大学的"宫殿建筑"（palatial building）。[55] 这样的观点，与同年《备忘录》里的思维相互呼应，也帮助我们进一步理解"朴实、实用而不虚饰"、不要"因袭过去大陆传统大学"、"小群组"等等东海校园基调背后所对应的意图。这些意图之中最优先的，还是美国新教差会继续带领中国"脱离黑暗，走进基督福音之光"的执念，所以在风格上仍然应该是中国的，以表示对中国之认同。其次，这些叙述也反映了新教差会战后的反省，意识到自己必须以更低姿态、虚心地实践前述大业，所以形式上应该朴实、缩减尺度，以融入周遭环境。[56]

由此看来，有关建筑尺度与风格的争辩，校董蔡一谔等人所期待的"像大陆清华或是燕京"那样"有个中国的顶在上面"，"相当雄伟的……很高的建筑物"[57]*17，之所以没有实现，应该并非如王大闳先生所以为的那

---

54. 资料 54_1220 b。

---

55. 资料 54_1204。

样，是他和建筑委员狄卜赛太太（Constance de Beausett）在校董会里力争的结果。蔡一谔等校董会的成员，其实是因为并未真正了解联董会"有所差异地延续"中国教会大学传承的思考，所以才会"落败"。我们甚至可以推测，虽然在1954年的竞图里林庆丰与吉坂隆正得到首奖，但贝仍可理直气壮地宣称作品"无足以当选"，可能也可以解释为：与联董会熟稔的贝非常清楚，林与吉坂表现主义风格的设计，绝不会被联董会所认可。因为对联董会而言，东海校园必须是"中国的"，同时也应该更低姿态地融入台湾在地景观，如此才可能舒缓中国新教差会挫折之后所生之焦虑，并且具体宣告同一批人反省之后所将开启的新局——虽然他们对于台湾地区的想象，有一大半是以对祖国大陆的认知为依据，充满了"误解"（例如认为台湾有80%的农业人口）。

一个可"融入环境"但非宫殿式的中国校园与建筑，究竟该长成什么样子？自此，就变成对台湾（也就是东海所将融入的"环境"）几近一无所知的贝、张、陈三人所必须面对的问题。

贝、张、陈都属于第二代留美华人建筑师。与第一代的杨廷宝、梁思成等人的学院派经历不同，他们接受的是德裔建筑师为主的现代建筑训练。[58]三个人基本上都是现代主义者，但背景与兴趣的不同塑造了一些微妙的差异。其中的贝聿铭，按照汉宝德先生的诠释，是一个已经完全西化的"美籍华人"，一个彻底的现代主义者。所以汉先生推论，在东海校园的规划与设计里，贝应该只决定了附会杰弗逊（Thomas Jefferson, 1743—

* 17 Henry Killam Murphy, 1926, 燕京大学贝公楼（Bashford Hall）与自然科学楼；今北京大学。

SAC

—

56. Fenn, 1995: 8；资料53_1119；Oberlin Review, Oct. 10, 1901: 40 f. 比较详细的讨论，请参考：郭文亮，2009：82-91。

—

57. 资料53_1119；资料54_1204；王大闳，1996：4；王大闳等，1997。

—

58. 贝聿铭，1941年毕业于麻省理工学院，1946年取得哈佛硕士学位，同年与格罗皮乌斯合作设计上海华东大学。1948年由尼尔逊·洛克菲勒推荐，进入纽约地产公司威奈公司担任建筑部主任。张肇康，1946年自上海圣约翰大学建筑系毕业，1948年赴美，先后在伊利诺伊理工学院、哈佛、麻省理工学院就读。之后，进入格罗皮乌斯所主持的"协和建筑师事务所"（The Architects Collaborative）工作。陈其宽，1944年毕业于重庆沙坪坝中央大学建筑系，1948年赴美，1949年获得伊利诺伊州立大学硕士学位，1951年起赴波士顿协和建筑师事务所工作三年。

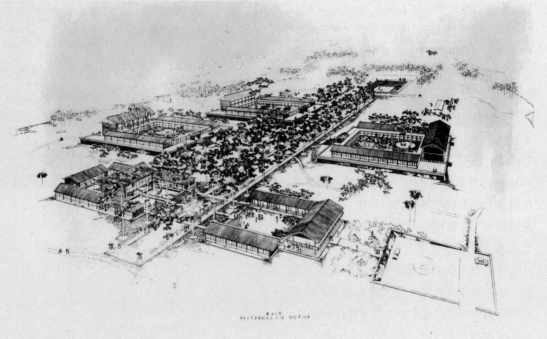

＊18 东海大学文理大道鸟瞰透
视图, 约 1956 年。

1826)弗吉尼亚大学"大草坪"(the lawn)的
文理大道＊18,以及平台式的方型学院。[59]但
是换一个角度来想,"非宫殿式",可以"融
入(台湾)环境"的"中国建筑形式",是
联董会所要求的设计主轴;所以,作为纽约
三人组主要对口的贝,势必也必须在建筑形
式上有所思考并提出响应。参照他本人的
论述以及 1970 年代以前的作品,我们发现
贝对"在地性"的诠释,多半反映在工法与
材质层面。[60] 延续这样的取向,东海建筑形
式上的"在地性",也就反映在贝自有限的
"台湾经验"里快速拮取的灰瓦(日式文化瓦)

与红砖墙,以及排除曲线与鲜艳色彩,参考
了日本建筑,但被贝、张、陈解释为"唐宋"

—

59. 汉宝德, 2003:31f.

—

60. 我们可以拿不同于菲利普·约翰逊玻璃住宅(美
国康涅狄格州,纽卡纳安, 1950 年)的钢构工法,而
是采用在地美式木构工法的贝氏别墅设计(美国纽
约州,坎多纳, 1952 年),以及用当地红色砂岩浇灌
混凝土的美国国家大气研究中心(科罗拉多州,波
尔德, 1967 年),代表这种"在地"构筑取向的设计
策略。

—

61. 殷允芃, 1999:19.

风格的"中国建筑"形式。[61]

设定了文理大道、平台学院与红砖灰瓦的设计主轴之后，就如贝自己所说，真正进一步发展实质设计的其实是张与陈。两人之中的张肇康，师承另一位格罗皮乌斯的弟子，圣约翰大学首任建筑系主任黄作燊（1915—1975），深刻体会黄"建筑依赖于材料和建造本身的性质和特征，……有机统一的质量特征"[62]，以及格罗皮乌斯乃至密斯的设计思维，对构筑形式着力甚深。前一节中所提到的，梁柱与材料工法的细腻处理，估计都是出自他的手中。而由访谈中对东海校舍条理分明的陈述[63] *19，我们大概可以推测，张在1959年之前东海校舍构筑方面的设计中应该扮演了比较重要的角色。除此之外，由后来在香港大学建筑系教授中国建筑史并且与布雷瑟（Werner Blasér, 1924— ）合写 China : Tao in der Architektur（1987）一书看来，张似乎对于现代中国建筑的形式课题，在三人之中，也最为投入。除了东海校舍以外，1963年张与虞日镇合作的台湾大学农业陈列馆*20，也常被视为战后台湾现代中国建

* 19 张肇康，约1956年，东海大学校舍建筑系统图。

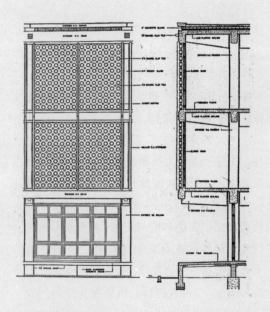

* 20 有巢＋张肇康，1963年，台湾大学农业陈列馆，台北。

SAC

---

62. Henry J. Huang, "The Training of an Architect", 1947-48；引于：卢永毅，2012：50。

---

63. 除了条理分明地解释了夯土砌石平台、钢筋混凝土柱梁、木屋架的三段式架构之外，贝、张、陈三人之中，也只有张清楚地说明了东海校舍的"瓦／椽／间（房）／室"，1:2:9:2 的系统比例关系。林原，1993：226。

---

64. 陈其宽，1962。

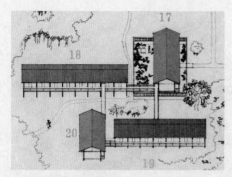

＊21 陈其宽，1954 年，东海大
学女生宿舍（局部），台中。

筑的经典作品。对照以上例证，我们可以推测，
东海校舍建筑在"现代中国建筑"方面的成就，
张应该有比例较高的功劳。

三人中的陈其宽，除了建筑师的身份之
外，也是一位文人画家。旅美期间，在建筑
学习之外，也深入浸淫现代艺术，受到克普
士（Gyorgy Kepes, 1906—2001）的影响。陈因
此得以从不同的角度与尺度，以时间、速度
以及透明性的观点掌握"空间"，并且结合
了中国园林的情境思维，发展出独到的"意
眼"概念[64]，切入设计。汉宝德先生曾经在
一篇评论里比较陈与张所设计的女生及男生
宿舍，指出两人设计性格上的差异，并且认
为，两人个性的不同，也延伸至设计。相对
于张的条理严谨、但有时有些呆板的配置，
陈的设计深具浪漫气息，灵活许多。[65] ＊21

由于 1957 年来台时，陈被赋予的主要任务
是整理整个东海校园的景观，以上的特质更
充分地表现在东海校园的空间地景之中。

综合以上所述，我们可以说贝、张、陈
三人手中所完成的东海校园与建筑，其实是
多种"现代"与"中国"的诠释与转译。能
够心领神会联董会"理念"的贝，知道东海

—

65. 汉宝德，2003：31f。汉先生在《空灵与美感》
一文里，援用了艺术史里，由意大利艺术史学家乔万
尼·莫雷利（Giovanni Morelli, 1815—1891）
所开创的"鉴赏学"（connoisseurship）方法，自
作品操作细节的分析，区别张与陈的设计，提出一些
颇有说服力的解释。此种过去常被批评太过"形式
主义"的方法论，在面对东海这种"多元决定"案例
的时候，其实非常有用，值得我们注意。

校园必须"中国"，但不可以是"宫殿"，必须更"在地"（台湾）；所以他选择了其实来自日本的"台湾灰瓦"，搭配红砖墙面，以及符合"现代建筑"理念、没有曲线的木构屋架，和日式平台砌石工法。张所关心的，则是用森佩尔（Gottfried Semper, 1803—1879）以降的德系构筑理念，将中国建筑转译为现代化的建筑语言体系，落实为平台、柱梁、屋架的构筑体系。至于陈，则着力在建筑配置与景观的尺度，安排出松紧有致的空间层次与节奏。三人所关切的建筑课题不尽相同，但最终却综合成为巴特所说的一组多维的编织，优雅地转译了联董会对"在地／台湾"的"误读"[66]，也注入了三人对于"现代"及"中国"的不同认知。

但我们的追问不该就此停止。这个多维的设计，在林澍民的手中，出现了意料之外的进一步转译。从作品来看，林是一位风格多元的建筑师；设计过现代风格的基隆邮政局（1961），也曾经设计出类似 1930 年代德、意法西斯时代的改良式古典风格的南投省议会议事大楼。*22 从一个比较挑剔的角度来看，他似乎是一位设计理念一致性不高的建筑师，不像贝、张、陈或者王大闳那样，对于建筑，或者"现代中国建筑"有其洞见或定见。但是从另一个角度来看，林其实是一位很具代表性的台湾建筑师。他的实务经验丰富，能在百废待兴的 1950 年代里，有效运用当时台湾的营建技术盖出房子。他也许不能理解纽约三人组所期待的清水混凝土柱梁所代表的意义，因此

在第一批校舍的"设计（发展）"中，自作主张地采用了洗石子的假石工法；但是这种便宜行事的设计思考，其实刚好反映了台湾战后一直延续到 1970 年代的非精英却最为普及的建筑观——实际、能用就好，其他以后再说。至于说洗石子原本是以泥作涂抹来模拟石雕，是一种装饰性的伪装[67]，因此在概念的层次上，绝不可以跟坦诚表达自我的清水混凝土混为一谈；这样的思考，我猜可能从未出现在林澍民的脑海之中。换一个角度来想，此种思维的差异，其实正反映了同样留美学建筑的两个世代之间，因为时空脉络的差别而造就的，对建筑与设计"认知架构"（epistêmê）上的不同。而这两种认知架构的详细内容是什么？它们如何与台湾的真实脉络衔接？这些才是更需要我们进一步仔细探究的问题。

关注文本意义如何生成的巴特提醒我们，文本并非一种静态、客观的存在，写与读同为生产性的实践，此消彼长，交互作用在一个意义共构的过程之中。[68]所以，我们也必须进一步将我们的讨论延伸至"读者"的层次，探究 1950 年代以及之后的台湾如何解读东海校园与建筑，以及在此过程中所建构出来的"东海的意义"。

1990 年代之前台湾建筑界对东海校园

66. 请参考：郭文亮，2009：82-91。

67. 王俊雄，2006：11, 15, 19f。

68. Barthes, 1974: 10f; 1977: 162f。

SAC

＊ 22 林澍民，约 1958 年，台湾
省议会议事大楼，南投雾峰。

与建筑的认知，大致可以分为两类。第一种反映在设计操作的层面，认为东海让 1950 年代的台湾建筑师了解到，"用最简单、最普通的材料也可以做出最好、最新的设计"，所以"detail 是要由建筑师自己去设计的。"[69] 第二种则出现在较年轻世代的批评之中，认为东海仍然延续了传统的建筑形式，只是由宫殿改成民居，也没有反映空间功能上的差异；因此"创新不足"，基本上是一种"保守"设计心态之下的作品。[70]

"细部可以被建筑师设计"的解读，乍听之下，有点奇怪；我们必须对照日据时代台湾人所认知的"设计"，才能理解。日本殖民时期里的台湾人，只能接受相当于目前技职体系的建筑专业训练；在实践层面，扮演的是（做设计的）殖民者与基层工匠之间的中介；专业的理解与掌握，以技术实务为主。即使能在图桌前画图"做设计"，也很难有机会设计重要建筑，顶多就是参照既有的标准图，做一点调整的宿舍、分驻所这类"设计意图已非重点"的案件。[71] 所以，日据时代的台湾"建筑技术者"所认知的建筑设计或者创作，其实并不涉及建筑人文与理念的层面，只是（日本人做的）"设计完成"之后，套用一堆技术公式，使其成为可被建造的格式化行动。正因为如此，战后第一代台湾建筑师吴明修才会在一次访谈之中指出，"在这以前，本省建筑界对于detail 的重要性可以说相当模糊"。因为在日据时代，不但启动设计的理念演绎不是台湾人可以接触的事，就连"细部"也不太需要他们发挥想象，常常只是标准做法的复制与调整而已。对照这样的背景，"使detail 的想法更向前推进了一步"[72] 的东海校园与建筑，反而无意之中扮演了类似"解殖"（de-colonization）的角色，让承接殖民时期建筑认知的第一代台湾建筑师，发现过去殖民者不让他们理解的"另一半的建筑"。[73]

战后出生的更年轻一代的台湾建筑师们，用的是不太一样的角度来理解东海校园与建筑。这个世代没有经历前一个世纪的苦难中国，也没有机会亲身体会中国城乡山水与人情。所以对他们而言，"中国"只是一个跟日常生活无关的抽象概念。他

SAC

—

69. 高而潘，1979：88。除了高而潘建筑师之外，类似的"体会"也出现在同一世代的吴明修、方汝镇的回忆之中。见：吴明修，1979：96；方汝镇，1982：73。

—

70. 王增荣，1983：68；王增荣，1984：52；曾光宗，1988：96 f；王俊雄，1996：90。

—

71. 郭文亮，2011：70f，74f。

—

72. 吴明修，1979：96。

—

73. 当然，事情没有那么单纯。1940 年代的中国学院派以及 1950 年代王大闳、贝聿铭所带来的影响，对许多人来讲，可能意味着"再殖民"，或者冷战结构之下美式帝国的文化支配。不过，就时机来看，这并不是一个我们目前可以冷静讨论的问题。只能在此搁下。

们进入大学念建筑的时候，李敖已经大声宣告"要想自己国家现代化，最快的办法莫过于干脆向那些现代化国家来学，直接地学，亦步亦趋地学，维妙维肖地学。"[74] 1960年代初的"中西文化论战"已经尘埃落定，傅尔布莱特计划（Fulbright scholarship program）、美国新闻处等美国统战机构也已全面完成布局，台湾早已进入一面倒向美国所代表的"西方"（现代）的阶段。如此的脉络之下，依然在揣摩推敲该如何衔接"传统中国"与"现代建筑"的东海，对这群战后世代而言，当然也就变成一种"缺乏对建筑主体本身的经营"，"与仿古式并无太大殊异"的"保守"，甚至被质疑为"反现代"的建筑作品。[75]

两个世代的不同解读，让东海连接上台湾战后的时空脉络；一连串读写所生产出来的意义，也超越联董会与贝、张、陈三人的意图，形成一种巴特所说的"散播"，帮我们看见一种（也许只是局部，但）更细腻也更为复杂的编织。如此编织的逐步厘清，更进一步帮我们超越了约化的结构论视野，多维地也更精细地认识大度山上的这群建筑与景观，是如何与我们的真实生活（以及生活底层或背后的结构）结合在一起。

暂停：然后……

文本是……一种通道、一种跨越；它所应答的并非诠释，而是爆发、散播。

罗兰·巴特，1977年[76]

显然，就如巴特、福柯以及许多后结构主义者所说，作为一个文本，"东海（的校园与建筑）"不可能只存在单一的意义，而是多种论述层层交错所形成的一个编织。贝、陈、张的写作，改编了联董会的论述；林澍民的书写，又"破坏"了贝、陈、张的写作。更重要的是，这篇一改再改的文本，在台湾建筑圈不同读者参与进来之后，又爆发、散播出更为多重的意义。对我而言，这样的重编、改写，乃至延展、散播，才是历史研究应该瞄准的课题。

散播、延展持续发生，不曾停止。到了1990年代，战后第一代的认知里"细部设计"上有其独到之处的东海校舍，又被傅朝卿教授读出另一个层次的意义，被解释为"利用这些带有地域色彩之建材，利用不同材料的接合，……以建筑构成为出发的表达"。[77]

这种"新读法"明显引用了弗兰姆普顿（Kenneth Frampton, 1930—）在海德格尔对"技

---

74. 李敖, 1962. 给谈中西文化的人看看病. 引于：陶恒生, 2003。

---

75. 王增荣, 1983：73; 曾光宗, 1988：96 f; 王俊雄, 1996：90。

---

76. "The text is...a passage, an overcrossing; that is answers not to an interpretation...but to an explosion, a dissemination." Barthes, 1977:

---

77. 傅朝卿, 1996：48 f。

术"（technology）或者"技艺"（technê）的论述影响之下，有关构筑形式的概念——把建筑视为一种"解蔽"（aletheia）的知性过程，一种使我们得以透过"艺术特有之方式（构筑）展开'存有者'（being）的'本体存有'（Being）"，帮助我们看见"真理的演变与发生"（becoming and happening）的媒介。[78] 张肇康手下条理分明的"细部"的意义，因此也就超越了 1950 年代"每一个建筑的 element 都应该分得非常清楚，function 与 element 的关系更应该特别注意"[79] 的操作性认知，被提升到建筑本体论或哲学存有论的层次。

这样的转折再度验证了巴特所说的，写读共构文本意义的论点；同时也让我们意识到，必须延伸福柯对 as a function 的作者的讨论，将读者也 as a function 地纳入这个可能没有止境的生产过程。但是如此的"延展"，同时也让我们在自己的前史，那种多维的写读历程之中，发现台湾这类依赖发展社会里另一个层次的问题。

在西方的建筑脉络里，一般将"构筑"（tectonics）概念的发展回推至 19 世纪的森佩尔，但在更形而上学的层次，则可以追溯到亚里士多德甚至柏拉图。所以在西方，"构筑"其实是一个同时在理念与实践层次长时间延续发展的课题。奥托·瓦格纳设计的奥地利邮政储蓄银行的立面，密斯设计的湖滨公寓的"假钢柱"，乃至于当代赫尔佐格与德梅隆设计的加州酒庄立面上填石蛇笼的"帷幕墙"，都是这些建筑师由其建筑观，书写"建筑（看起来）应该被如何构筑"，

以响应他们所面对之当代的陈述。这些构筑操作的背后，都有一个建筑的，同时也是一个存有论或者世界观的故事要讲。故事的内容，其实就跟我们所熟知的现代艺术一样，非常多元；从来就没有人会（真的）以为他对这个世界的发言，才是唯一真实、正确的讲法。

也许是缘于某些历史性的焦虑，过去台湾建筑界总喜欢把某些时段里的优势、主流或者流行路线，曲解为唯一的方向，放大成道德性的命题。以战后台湾对东海的讨论为例，仔细分析之后，我们会发现它们多半建立在一种"诚实表达建筑功能、结构，或者构造"的价值观上，将"诚实"的存有价值转化为必然、独断的"建筑理性"。但同样是由"诚实"出发，却吊诡地导引出肯定与质疑的相反评价。由此看来，我们的建筑思维似乎一直沉浸在一种奇特的错乱状态之中。

依附于西方（与东方的日本）发展的台湾，始终是在一种缺乏主体性的状态下，在不同时段里片段地拮取各种西方显学或流行，进行组装。因为不可能拥有这些概念或操作原生产地的完整脉络，因此只能生产出片段的拼贴，很难像西方那样建立出一种建筑的传承，或者系统上的连续性。每一个新的世代，

SAC

—

78. Heidegger, 1977: 12 f; Johannes B. Lotz, 收于：Brügger ed., 1988: 82 f。

—

79. 吴明修, 1979：96。

都忙于推翻前一个世代，建立新的主流；没有积累，也没有连续。林澍民所代表的学院派与贝、张、陈所代表的现代派之间，存在着如此的断裂；张肇康与吴明修之间，存在着类似的缝隙。我们甚至可以合理地怀疑，1950 年代张肇康对"构筑"的掌握，可能都还并不完整；[80]做得出来，但讲不清楚，必须要等 40 年之后，由另一个世代来补全。

海德格尔、弗兰姆普顿与 20 多年来在台湾讲述"构筑"概念的人，（包括这篇文章）也许让东海的故事完整了一点。但是这又如何？台湾这类依赖发展型社会，从来不缺新的解读；问题的核心始终在于，不同的读写之间总是少了连续，看不见积累。

如果说这种无法积累的破碎发展模式就是我们的宿命，相信许多人都会心有不甘，然后追问：该如何在这种拼贴的过程里，建立自己的主体性；可以与西方对话，但也能发展出可延续的自主课题？这其实正是本文背后的问题意识。本文虽然不可能对此提出解答，但或许可以扮演一个起点，响应以上问题意识，同时也提醒大家，在面对自我生成历程的多维与复杂之际，记得要更开放也要更精细。一开始也许只能得到一张依然破碎但清楚一些的地图，允许我们一步步建构出碎片之间的连接，演绎出自我主体。对我而言，这应该就是一个我所欲见发生在台湾，以及相似处境社会建筑的"延展"。

---

80. 如果仔细检查贝、陈、张对"构筑"概念的掌握，我们会发现，就算其中用力最深的张肇康，似乎都还只停留在操作的层面，在论述方面还不够系统化，甚至有些模糊。对照方汝镇、吴明修等人的回忆，只能谈到元素之间该如何安排，但是对于这样做的意义何在，多半还停留在前述"诚实主义"，未曾出现比较深入的讲法。换句话说，如果以西方为标准，对于张以及受他影响的方、吴等人而言，"构筑"的概念并未完整地存在于他们的认知之中。

参考文献

[1] Althusser, & Louis, Balibar, Étienne, 1970, Reading Capital / Lire le Capital, Ben Brewster trans., London: New Left Books / Librairie François Maspero S. A.

[2] Althusser, Louis, 1977, For Marx, Ben Brewster trans., London: New Left Books

[3] Antal, Frederick, 1948, Florence Painting and its Social Background : Bourgeois Republic before Cosimo de' Medici's Advent to Power: XIV and Early XV Centuries, London: Kegan Paul

[4] Barthes, Roland, 1974, S / Z, trans. Richard Miller, New York: Hill and Wang

[5] Barthes, Roland, 1977, Image, Music, Text, trans. Stephen Heath, London: Fontana Paperbacks

[6] Bouchard, Donald ed., 1977, Michel Foucault: Language, Counter-Memory, Practice, Selected Essays and Interviews, trans. Donald Bouchard & Sherry Simon, Oxford: Basil Blackwell

[7] Brügger, Walter ed., 1988, Philosophische Wörterbuch.（项退结编译 . 西洋哲学辞典 . 台北：华香园出版社）

[8] Cannell, Michael, 1996 / 1995, I. M. Pei: Mandarin of Modernism.（萧美惠译 . 贝聿铭：现代主义泰斗 . 台北：智库文化出版股份有限公司）

[9] Cody, Jeffery W.（郭伟杰）, 2001, Building in China : Henry K. Murphy's "Adaptive Architecture," 1914 - 1935, Hong Kong: The Chinese University Press

[10] Cody, Jeffery W.（郭伟杰）, 2003, Striking a Harmonious Chord : Foreign Missionaries and Chinese-style Buildings, 1911-1949, from: Architronic, http://architronic.saed.kent.edu/v5n3/v5n3.03a.html

[11] Erh, Deke, & Johnston, Tess ed., 1998, Hallowed Halls: Protestant Colleges in Old China, Hong Kong: Old China hand Press

[12] Fenn,William Purviance, 1995 / 1952. 我所欲见设于台湾之基督教大学的形态备

SAC

121

忘录 [Memorandum to the Trustees on the Kind of Christian College I would like to see on Formosa]. 文庭澍译. 收于：东海大学创校四十周年特刊编辑委员会编, 1995：7-8

[13] Fenn, William Purviance, 1976, Christian Higher Education in Changing China, 1880-1950, Grand Rapids / Michigan: William B. Erdmans Publishing Company

[14] Fenn, William Purviance, 1980, Ever New Horizons : the Story of the United Board for Christian Higher Education in Asia, 1922-1975, New York: United Board for Christian Higher Education in Asia

[15] Foucault, Michel, 1977 / 1969, What is an Author ?, trans. Donald Bouchard & Sherry Simon; from: Bouchard, Donald ed., 1977; pp. 113 - 135

[16] Frampton, Kenneth, 1995, Studies in Tectonic Culture: The Poetics of Construction in Nineteenth and Twentieth Century Architecture, ed. John Cava, Cambridge / Ma.: The MIT Press

[17] Heidegger, Martin, 1977, The Question concerning Technology and Other Essays, trans. William Lovitt, New York: Harper & Row Publishers, Inc.

[18] Pott, Francis Lister Hawks（卜舫济）, 1972. 圣约翰大学五十年史略, 1879 - 1929. 台北：台湾圣约翰大学同学会重印

[19] Shi, Shu-mei（史书美）, 2007 / 2001. 现代的诱惑：书写半殖民地中国的现代主义, 1917 - 1937. 何恬译. 南京：江苏人民出版社

[20] Stuart, John Leighton（司徒雷登）, 1984/ 1954. 司徒雷登回忆录. 佚名译. 台北：新象书店

[21] Von Boehm, Gero, 2003. 与贝聿铭对话. 林兵译. 台北：联经出版事业股份有限公司

[22] 王大闳, 1996. 一位最杰出的同学—贝聿铭. 收于：Cannell, 1996：1 - 8

[23] 王大闳 等, 1997. 东海大学座谈会记录 . 1997 年 3 月 8 日、22 日。未出版

[24] 王冬凌, 1999. 试论中国近代教会学校的发展轨迹及特点 . 刊于：大连教育学院学报 . 1997 (1)：36 - 39

[25] 王嵩山编, 2005. 博物馆、知识建构与现代性 . 台中：自然科学博物馆

[26] 王俊雄, 1996. 台湾早期现代建筑之一——张肇康与台湾大学农业陈列馆 . 刊于：《建筑师》[台湾], 1996 年 11 月：88 - 93

[27] 王俊雄, 2006. 把现代洗出来—洗石子与台湾建筑现代性 . 刊于：当代 . 223 期, 2006 年 3 月 1 日：10 - 25

[28] 王增荣, 1983. 光复后台湾建筑发展之研究 (1945 - 1976) . 台南：成功大学建筑研究所硕士论文, 杨逸咏指导

[29] 王增荣, 1984. 光复初期台湾现代建筑的发展 (1945 - 1956) . 刊于：《建筑师》[台湾], 第 145 期, 10 卷 7 期, 1984 年 7 月：46-54

[30] 方汝镇, 1982. 访方汝镇先生 . 金以容整理 . 刊于：成大建筑 . 1982 (19)：46 - 54

[31] 台湾建筑史学会编, 2012a. 台湾建筑学术百年之路—2012 台湾建筑史论坛论文集 1. 台北：台湾建筑史学会 / 台北科技大学

[32] 村松伸, 1994. 同时代的台湾建筑史 . 黄至民, 徐苏斌译 . 刊于:《建筑师》[台湾], 第 49 / 50 期, 1994 年 8 月, 九卷八期：92-98

[33] 林兵, 2003. 中文版附录：贝聿铭的中国情怀—译者访谈录 . 收于：Von Boehm ed., 2003：175-199

[34] 林原, 1993. 包浩斯、建筑和我：专访张肇康先生 . 刊于：联合文学 . 99 期, 1992 年 1 月：222-228

[35] 林太乙, 1989. 林语堂传 . 台北：联经出版事业公司

[36] 林炳炎, 2003. 保卫大台湾的美援 (1949 - 1957). 台北：林炳炎 (台湾电力株式会社资料中心)

[37] 吴明修, 1979. 访吴明修 . 王立甫, 马以

工访问，王立甫整理．刊于:《建筑师》[台湾]，第 49/50 期，1979 年 1/2 月，五卷一／二期：95-103

[38] 吴梓明，2003. 基督教宗教与中国大学教育．北京：中国社会科学出版社

[39] 东海大学第一届董事会，2003/1953. 私立东海大学设置的目的与方针．收于：东海大学校史编纂委员会编，2006:151-152

[40] 东海大学校史编纂委员会编，1981. 东海大学校史：民国四十四年至六十九年．台中：东海大学出版社

[41] 东海大学校史编纂委员会编，1985. 东海三十年．台中：东海大学出版社

[42] 东海大学创校四十周年特刊编辑委员会编，1995. 东海风：东海大学创校四十周年特刊．台中：东海大学出版社

[43] 东海大学校史编纂委员会编，2006. 东海大学五十年校史：一九五五—二〇〇五．台中：东海大学出版社

[44] 施建伟，1994. 幽默大师林语堂传．台北：业强出版社

[45] 马冠尧，2011. 香港工程考—十一个建筑工程故事（1841 - 1953）．香港：三联书店（香港）有限公司

[46] 殷允芃，1999. 享誉国际的建筑师贝聿铭．收于：黄健敏编，1999：18 - 23

[47] 高而潘，1979. 访高而潘．马以工，黄模村访问．黄模村整理．刊于:《建筑师》[台湾]，第 49/50 期，1979 年 1/2 月，五卷一／二期：88 - 94

[48] 陈其宽，1962. 肉眼、物眼、意眼与抽象画．刊于：建筑.3 卷 4 期，1962 年 4 月 1 日：37 - 38

[49] 陈其宽，1985. 参与东海生的酝酿、规划东海景观的成长．收于：东海大学校史编纂委员会编，1985：25 - 26

[50] 陈其宽，1991. 建筑·绘画—访学贯中西陈其宽建筑师．赵家琪访问．林姜整理．刊于《建筑师》[台湾]，1991 年 11 月，17 卷第 11 期：76 - 80

[51] 陈其宽，1995. 我的东海因缘．收于：东

海大学创校四十周年特刊编辑委员会编,
1995：176 - 199

[52] 黄武东, 1988. 黄武东回忆录—台湾长老
教会发展史. 台北：前卫出版社

[53] 黄信颖, 2012. 七分人三分匠：不列颠驻
上海领事馆与最高治外法院兴筑过程中
匠师与建筑师之合作关系探论. 收于：台
湾建筑史学会编, 2012a：111 - 124

[54] 黄健敏编, 1999. 阅读贝聿铭. 台北：田
园文化事业股份有限公司

[55] 黄健敏, 2007. 陈其宽与东海大学. 刊于：
建 筑 /Dialogue.115 期, 2007 年 7 月：
24 - 30

[56] 郭文亮, 2005. 做的 / 说的 / 想的：汉宝
德先生洛韶山庄设计策略初探. 收于：王
嵩山编, 2005：67 - 97

[57] 郭文亮, 2009. 中国教会大学校园建筑传
承与东海大学校园. 刊于：建筑向度. 第
7 期, 2009 年 8 月：63 - 95

[58] 郭文亮, 2011. 一半的建筑—日治台湾建
筑认知的一些推想. 刊于：夯. 第 11 期,

2011 年 9 月：61- 79

[59] 曾光宗, 1988. 中国近代历史主义建筑发
展之研究. 台南：成功大学建筑研究所硕
士论文, 孙全文指导

[60] 孙立和, 1993. 台湾建筑思潮与设计教育
之发展分析（一九四九—一九七三）. 台
南：成功大学建筑研究所硕士论文, 傅朝
卿指导

[61] 傅朝卿, 1993. 中国古典式样建筑：二十
世纪中国新建筑官制化的历史研究. 台北：
南天书局

[62] 傅朝卿, 1996. 寻求现代与传统之平衡
点—台湾战后第一代建筑师作品充现代与
传统、造型与空间之解析（下）. 刊于：台
湾美术. 第 31 期, 1986 年 1 月：48 - 53

[63] 陶恒生, 2003. 谈谈台湾早年的中西文化
论战. 2001 年 10 月写于旧金山, 2003
年 2 月 修 订. 刊于：http://www.hstao.
com/misc/HY28FR.htm ；2012.04.05
下载

[64] 杨天宏, 2006. 战争与转型中的中国基

SAC

督教会—中华基督会全国总会边疆服务研究.刊于：近代史研究.2006 年 6 期：35 - 58

[65] 汉宝德, 2003. 空灵与美感：陈其宽的建筑与绘画. 收于：廖春铃, 台北市立美术馆编. 2003.31 - 39

[66] 廖春铃, 台北市立美术馆编, 2003. 云烟过眼：陈其宽的绘画与建筑. 台北：台北市立美术馆

[67] 廖建彰, 2001. 建筑神话：战后台湾现代中国建筑筑论述的形构（1940 年代中—1990 年代末）. 台南：台湾大学建筑与城乡研究所硕士论文, 夏铸九指导

[68] 郑惠美, 2006. 一泉活水陈其宽. 台北：INK 印刻出版有限公司

[69] 卢永毅, 2012. 同济早期现代教育探索. 刊于：时代建筑. 第 125 期, 2012 年 5 月：48 - 53

[70] 蒋雅君, 2005. 移植现代性, 建筑论述与设计实践：王大闳与中国建筑现代化论战, 1950 – 70s. 台北：台湾大学建筑与城乡研究所博士论文, 夏铸九指导

[71] 赖德霖等编, 2006. 近代哲匠录—中国近代重要建筑师建筑事务所名录. 北京：中国水利水电出版社

[72] 资　料 53_1119 Minutes, Committee on Tunghai University, Nov. 19, 1953. [Yale University, Divinity School Library]

[73] 数据 54_0112 东海大学董事会第四次会议记录, Jan. 12, 1954。[东海大学总图书馆特藏组]

[74] 资　料 54_0211 Minutes, Committee on Tunghai University, Feb. 11, 1954. [Yale University, Divinity School Library]

[75] 数据 54_0227 东海大学董事会第五次会议记录, Feb. 27, 1954。[东海大学总图书馆特藏组]

[76] 数据 54_0313 东海大学董事会第六次会议记录, Mar. 13, 1954。[东海大学总图书馆特藏组]

[77] 资料 54_0401 Minutes, Committee on Tunghai University, Apr. 1, 1954. [Yale Univer-

sity, Divinity School Library]

[78] 数据 54_0710 东海大学董事会第十一次
会议记录，July 10, 1954。[东海大学总
图书馆特藏组]

[79] 资　料 54_0719 Minutes, Committee on
Tunghai University, July 19, 1954。[Yale
University, Divinity School Library]

[80] 资　料 54_1204 Minutes, Round Table dis-
cussion, The Board of Directors of Tunghai
University, with Dr. Paul Vieth, Dec. 4,
1954. [Yale University, Divinity School Li-
brary]

[81] 资料 54_1211a 东海大学常务董事会议
记录，Dec. 11, 1954。[东海大学总图书
馆特藏组]

[82] 资料 54_1211b Minutes, The Executive Com-
mittee Meeting, Dec. 11, 1954. [Yale Univer-
sity, Divinity School Library]

[83] 资料 54_1214 东海大学建筑委员会会议
记录，Dec. 14, 1954。[东海大学总图书
馆特藏组]

[84] 数据 54_1220a 东海大学董事会第十八
次会议记录，Dec. 20, 1954。[东海大学
总图书馆特藏组]

[85] 资料 54_1220b 东海大学建筑委员会会
议记录，Dec. 20, 1954。[东海大学总图
书馆特藏组]

[86] 数据 55_0120 东海大学建筑委员会校务
委员会联席会议记录，Jan. 20, 1955。[东
海大学总图书馆特藏组]

[87] 资　料 55_0228 Minutes, Committee on
Tunghai University, Feb. 28, 1955. [Yale
University, Divinity School Library]

[88] 资料 55_1019 Minutes, Committee on Tung-
hai University, Oct. 19, 1955. [Yale Univer-
sity, Divinity School Library]

[89] 资料 58_06 The United Board and Tunghai
University, A Chronological Record since
1951, June, 1958. [Yale University, Divin-
ity School Library]

[90] 资　料 60_0223 Letter from Dahong Wang
to Constance de Beausset, Feb. 23, 1958.

SAC

SAC

图片来源

[台湾大学图书馆特藏组 / 狄宝赛文库：
db08_05_001_503, db08_05_001_003_01]

«1» 东海大学校史编纂委员会编, 2006. 东
海大学五十年校史：一九五五—二〇〇
五 . 台中：东海大学出版社 .354

«2» Paolo Berdini, 1983, Walter Gropius, Bo-
logna: Nicola Zanichelli Editore S.p.A.; p.
191. Sigfried Giedion, 1992, Walter Gro-
pius, New York: Dover Publications, Inc.;
pp. 140

«3» 东海大学校史编纂委员会编, 2006. 东
海大学五十年校史：一九五五—二〇〇
五 . 台中：东海大学出版社 .30

«4» 林炳炎, 2003. 保卫大台湾的美援（1949
- 1957）. 台北：林炳炎（台湾电力株式
会社资料中心）；写真 62

«5» 今日建筑 .1955（8）：5

«6» 东海大学创校周年特刊 .1956；Yale Uni-
versity, Divinity School Library

«7» 台湾《建筑师》杂志, 1978 年 12 月号,
4 卷 12 期：72-73

«8» 东海采风 . 第四辑, 1998 年 6 月：183 (?)

«9» 东海大学营缮组, 东海大学教职员宿舍 A

House (3 Bedrooms Faculty Residence) 施工图附件

«10» 东海大学营缮组，各种屋顶、山墙立面与剖面大样。(影印复制图，局部)

«11» 本文作者摄影

«12» 东海大学创校周年特刊 .1956；Yale University, Divinity School Library

«13» 建筑 . 第 20 期，1966 年 8 月：46

«14» 东海大学校史编纂委员会编，2006. 东海大学五十年校史：一九五五—二〇〇五 . 台中：东海大学出版社：372

«15-16» 林宝琮编，1961. 东海大学第三届毕业生纪念册 . 未编页码

«17» http://research.yale.edu/divdl/ydl_china_webapp_images/424-5946-6360.jpg

«18» 东海大学创校周年特刊 .1956；Yale University, Divinity School Library

«19» 王俊雄，1996. 台湾早期现代建筑之一：张肇康与台湾大学农业陈列馆 . 刊于:《建筑师》[台湾]，第 263 期，1996 年 11 月：92

«20» 建筑 . 第 2 期，1962 年 6 月：14

«21» 东海大学创校周年特刊 .1956；Yale University, Divinity School Library

SAC

贫户、救赎与乌托邦：

从高雄福音新村规划看社会住宅的在地经验

蒋雅君　张馨文

01 研究缘起

现代主义建筑论述在台落地生根，对台湾整体建筑专业化与空间思维影响甚巨。截至目前，对其历史过程的研究，从教育、建筑专业与实务、民族形式与国族主义、现代化、精英建筑师的设计思维等向度皆论述颇丰。然就现代主义者如何在中、低收入户的住宅提案中实现社会福利与救赎乌托邦理念，研究成果却少有触及，形成现代主义住宅论述前卫性思潮在地化的研究缺口。有感社会住宅（social housing）提案往往成为前卫精神体现的重要议题，欲了解其在台发展的转化经验及特殊样貌（美援所形构的"差异现代性"），似乎得回到空间实践的脉络中找寻。因此，本研究将以卫理教会出资，外籍传教士组织委由陈其宽建筑师、汉宝德与华昌宜等合作规划，于1965年落实在高雄前镇区，全台唯一宛若白色蒙古包的贫户小区住宅群——福音新村为例，讨论现代主义社会住宅提案在地化的过程。福音新村宛若都市发展过程中的"异质空间"，相较于不同时空的城市发展所衍生的居住问题，反映了低收入户的福利住宅提案在台发展的特殊样貌。因此，本研究将针对福音新村的规划概念、执行过程等向度进行考察，同时结合台湾社会的历史时空，谈论现代化思想与经验的移转，期望能为理解台湾现代主义建筑论述的发展提供更多向度。

02 迈向新建筑：乌托邦的异地书写

伟大的时代刚展开。存在着一种新精神。工业像狂流般直奔其既定方向，带给我们新的工具以适应新时代，并使新精神更具活力。……住屋问题是时代性问题，今日社会是否能安定完全在于是否能解决此问题。建筑在时代转变中担负着首要的任务，必须负起修正价值观以及住屋营建元素的责任。系列化是以分析与试验为基础。大规模的工业得分担建筑物的问题，使住屋元素的系列化得以建立。必须创造系列化的精神。建造系列化住屋的精神。居住系列化住屋的精神。构想系列化住屋的精神。如果能在心中及精神上摒除陈旧的住屋构想，并开始以客观的态度面对问题；如此将可获致"住屋—工具"，系列化住屋。

勒·柯布西耶[1]

二战后的台湾，面对政治结构的转变与短期内百万难民聚集，光是台北、基隆、高雄等几个港埠码头，就云集了数十万难民，住

---

1. 柯布著. 迈向建筑. 施植明译. 台北：田园城市，1997年，第213页。

SAC

宅供应不足成为当时最迫切的议题。50 年代由于政府将经费用于收编军队及巩固防御，60 年代则因随之而来的经济发展带动城乡移民趋势，使得都会地区大量人口集居而住宅却严重供应不足，一些简陋的违章建筑如雨后春笋般出现，在都市边缘及中心区的空地上不断蔓延[2]。这是现代主义在台发展的关键年代，其在战后资源匮乏的土壤中如何生根发芽？又如何转译其乌托邦的社会救赎色彩？成为建筑专业者、执行单位及政府共同关心的议题。特别是战后重建过程资源不足而需仰赖外援，使得从政府大型公共建设与非私有企业，到教会等非营利组织在台设校[3]与提供社会福利支持，都让台湾战后的现代化经验直接或者间接地感染着美援的影响，带动了现代化经验的移转与发展，并为社会注入新的生命力。而住宅提案就成了专业者实践的场域，卫理教会之福音新村案即是一例。教会借由美援将现代化的规划带入台湾，其特殊的政教关系，展现了社会住宅在台发展的特殊面貌。

顺此思维脉络，在进入案例讨论之前，似乎有必要针对社会住宅的定义进行简述，以助后续研究之开展与讨论。根据林万亿的定义，社会住宅是指"政府兴建，或民间拥有之合于标准的房屋，以低于市场租金或免费出租给所得较低的家户，如劳工，或特殊的对象，如老人、身心障碍者、精神病、物质滥用戒治者、家庭暴力受害者、游民等；或政府补助房租给所得较低的家户向民间租

屋居住；或政府补助所得较低的家户购买自用住宅。本质上，社会住宅是将住宅去商品化（de-commodification），以社会中经济弱势群体为对象，企图达成全民居住质量的提升为目的"[4]。此一论述中潜藏的住宅去商品化逻辑，不仅仅是社会中经济弱势群体的居住与安置问题，同时也直指政府如何在住宅市场中执行"福利社会"的住宅去商品化计划。因此，讨论社会住宅不仅仅是现代主义美学论述的形式演绎，同时也包括了上层结构的执行特征，更是乌托邦计划异地书写的佐证。

2.1 卫理教会与台湾现代化

卫理教会在台的福利建设，可说是该会自 1847 年以降在中国传教经验的延伸，不仅与中国近代化过程息息相关，也是国际战略与国家安定的重要形构力量。初期以"美以美会"之名在中国传教，截至 1949 年，教会团体不管是在教育、医疗或其他社会服务上，皆有惊人的成就，创立了共计 500 余所小学、45 所高级中学、7 所大学（燕京、协和、东吴等），以及 4 所神学院、六所圣经学校、28 家医院，

2.　汉宝德. 台北市的集合住宅研究. 建筑与计划.1969 年, 第 18 页。

3.　如东海大学、东吴大学设校。

4.　林万亿. 台湾的住宅政策：从国民住宅到社会住宅？荷兰社会福利暨社会住宅国际研讨会手册.2010：116。

另外还创办了孤儿院等慈善机构[5]。1949年之后，原本分散在大陆各省的差会传教士转而集中到台、港、澳地区，因此使得基督教在台有机会蓬勃发展。1953年卫理公会正式进入台湾，从事社会福利、医疗设备与教育方面的工作。其工作内容主要为：

社会工作方面：为安置随国民党赴台的大陆移民，分别于1963年和1967年，在高雄和台北设立福音新村、平安新村两处住宅群。前者可容纳116户，后者约容纳96户。1968年于台中职业训练中心开班，训练英文打字、缝纫、摄影、英/日语等，并设立台中善意中心[6]、台南安平牛奶供应站[7]等。这些福利设施之后随着台湾社会政经的改变而陆续结束[8]。

医疗工作方面：台北卫理堂由1955年退休的外籍传教士开办"生命活水诊所"，后扩展至东吴大学及卫理女中分别设立医疗所，1963年于松山恩友堂及1966年在高雄福音新村、台南安平陆续开办诊所。1964年，卫理公会甚至开始出资与台湾长老教会合办彰化基督教医院，并曾经是彰化医院董事会成员[9]。

教育工作方面：1956年美国卫理差会开始参与东吴大学[10]在台建校，1961年在台北

---

5. 美以美会以福州作为布道发源地，向外扩展到江西、北京、山东、安徽、天津、重庆、河北等地。1865年基督教教会的闽六公会协议闽南为长老会的布道区域，因此卫理公会在1949年之前从未在台湾从事宣教工作。另外，美国卫理宗之监理会则在

1849年于上海发展，随后扩至苏州、江苏各地境内，并往北开拓至东北地区。而另一美国卫理宗之美普会则在1867年才开始在河北张家口等华北主要地区从事布道工作。参考：http://www.xbike.idv.tw/works/oldWebs/METH/methodist/about/about5hisstory.htm

---

6. 教会开办缝纫班以帮助贫苦妇女，开办面条工厂以免费接济贫民。参考：林素铃.基督教卫理公会在台湾的扩展及其空间性之诠释.台湾师范大学地理研究所论文，2002年。

---

7. 为贫苦家庭儿童免费供应牛奶，1965年因基督教福利会停止供给食品而中止。（参考：林素铃，2002年）

---

8. 所有的药品及医疗物质都是靠基督教福利会由国外引进，1976年因国外差会停止援助而结束。（参考：林素铃，2002年）

---

9. 彰化基督教医院原系台湾长老教会所办，1964年卫理公会出资十万美金帮助彰化基督教医院扩建新的医学大楼，彰基拥有四个董事席位。约在1993年时，长老教会单方面决议将卫理公会四席董事除名，中止与彰基的合作关系，有点教派破裂的味道。（参考：林素铃，2002年）

---

10. 东吴大学原系1900年由美国基督教监理公会（卫理公会前身）在苏州创办的学校，1951年由来台校友募款在台北市汉口街复校开办，当时邀请以前在东吴大学任教的知名法学家王宠惠担任复校申请的校董会董事长。在1955年东吴大学核准复校的第二年，由于黄安素（Ralph Ward）会督的努力奔波，使得卫理公会同意协助东吴大学复校，后其发展大部分资金都是美国卫理公会差会所奉献，并派遣宣教士到东吴大学协议，差会有权对董事会提名及参与大学管理。（数据源：东吴大学校史）

＊1 1953 年至 1972 年设立的卫
理公会教会分布图, 为都市型定
点传教体系。(林素铃, 2002 年,
第 25 页)

＊2 位于高雄市前镇区东北角的
福音新村 (数据源: 高雄市政府
民政局中英行政区域图)

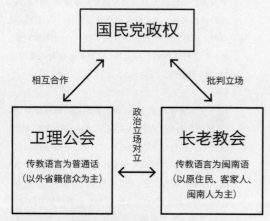

△1 国民党政府戒严时期与
卫理公会及长老教会政治关系图
(1950—1987)(林素铃, 2002 年,
第 113 页)

134

建立卫理女子中学[11]；1955 年与其他基督教派合办东海大学；1960 年开始与长老教会合作，在台南及台湾两所神学院共同从事神学教育工作[12]。

其布道与福利设施的设立区位主要分布在都市型城镇当中*1，分居于台北、台中、台南等地。在都市传教过程中，贫户与社会福利计划造就了台北、高雄两地的平安新村与福音新村。从 1953 年到 1972 年，因教会在经济、行政甚至精神上完全仰赖美国差会的支持，且参与计划者皆为美籍传教人员，故在台湾卫理宗教史中被称为"美国差会时期"，其创造的文化与空间可说是另一种美援形式的具体展现。另外，该会在南京国民政府时期即与国民党上层关系良好[13]，所以在福利与传教计划推行上展现了游走于官方、民间与教会的特殊体系△1。

2.2 福音新村的规划与落实

稻田、白厝、难民，这六字似乎道尽了福音新村建立之初的模样与生活。在其初建时期，也就是 1960 年代左右，高雄有许多新村，但几乎都是眷村或是为退休及在职员工居住而建的。唯福音新村由教会出资兴建，原先作为来自香港、大陆移民及本地贫民的短暂居所，后来却成为一个长久居住的家。此案位于高雄市前镇区民权路、广西路、光华路、梧州街交界内*2，原为高雄市政府预购的住宅用地，后因些许原因而作罢。时逢卫理公会在台积极发展，为给台北、高雄两地救济住宅寻地，该会遂凭借布伦茂基金会捐款[14]（蒋宋

美龄为争取此款项来台贡献甚多），从"国产局"手中以等价购买此地，1963 年创立"福音新村"（又名福音村），1965 年 6 月 27 日正式成立。美籍宣教士许可领（J. Carlisle Phillips）牧师奉派担任筹建主任后，登报发送讯息告知难民与贫民可申请登记，供大陆、香港移民与贫民

—

11. 1960 年，前基督教卫理公会中西女中校友与在台卫理公会会友深感女子教育对家庭、社会有重要影响，于是兴起建校计划。承蒙蒋宋美龄女士的鼎力赞助，以美国卫理公会妇女部和宣教部捐赠建筑设备费用。（数据源：卫理女中校史）

—

12. 卫理公会因本身在台湾的发展不够稳固，在教派合作的目标下加入长老教会所办的神学院。台南神学院在 1960 年代后，成为台湾长老会、卫理公会、圣公会三教会合作下的传道人才训练中心，卫理公会以经济上的资助成为该校董事。1990 年以后，因台南神学院太过于泛治，圣公会与卫理公会不太认同因而相继退出董事会，终止与台南神学院的合作关系。（参考：林素铃，2002 年，第 26 页）

—

13. 其中的"中华基督卫理公会"从美国差会的开拓时期（1953—1972 年）一直与国民党关系良好。从林素铃的研究得知访谈卫理学生中心所得到的讯息，台湾卫理公会之所以能拥有东吴大学及卫理女中，甚至在马祖设立教会，都与蒋宋美龄有所关联，足可见与政府的关系密切。

—

14. 美籍基督教长老会会友布伦茂先生捐款，布伦茂本身是位石油商人，他的先人曾到中国传教，而且当时正值二次大战，他将 60 美金的遗产捐出，主要给教会从事关怀事工。（参考：陈宣信．看哪！上帝的荣光．中华基督卫理公会高雄荣光堂四十周年纪念专刊，2005年，18-20 页。）

SAC

*3,4 刚落成的福音新村（数据源：卫理公会.怜悯与恩典——中华基督卫理公会高雄荣光堂三十周年堂庆暨编辑特刊.1995年）

暂时居住。此案历时两年建设完成，因其景观特殊又被称为"白厝"*3,4。其建设用地的取得，与教会体系获得政府强势支持息息相关。其意义不单单突显了现代主义社会住宅论述的空间经验，而此由教会主导的乌托邦计划，其实正突显了冷战时代美国教会在维系东亚冷战结构防线上的一种思考——美方不仅透过美援培植第三世界拟法西斯政权的政治正当性，同时也在救援计划当中，植入样板式的贫户住宅营造与自主管理经验，以维系政府因经济压力而日渐升高的不稳定性。因此，这个乌托邦计划的实现就不只是现代主义风格在地化的形式表述问题，而充满国际战略及安全考虑的意义才是关键。

购地事项完成后，教会就开始与市政府社会局接触，不仅在立案的甲级贫户中抽签选出居民，同时也与内地救灾总部联系以提供难民安居之所。当时采取低价租用制，租期一年，以时价的1/10房租租给住户，并规定他们需在一年之后无条件搬出，让经济更困难的贫户入住，以达成良性循环的机制。从卫理公会当时所绘之居住单位编号与户主姓名对照图中可见，此案初期一共供应116个居住单位*5。台湾本省籍居民占18户，居民职业以工人为数最多，40多人，服公职与从商者次之，其余则是退役军人、自由职业者、司机等其他行业者，无业者亦有十余人。在总体配置上，除住宅规划以外，为应对冷战年代的防空需求，在住宅群边设有防空洞一处。

一直以来设计案传言由贝聿铭及陈其宽一起执行，就连荣光堂教会人员也误认为

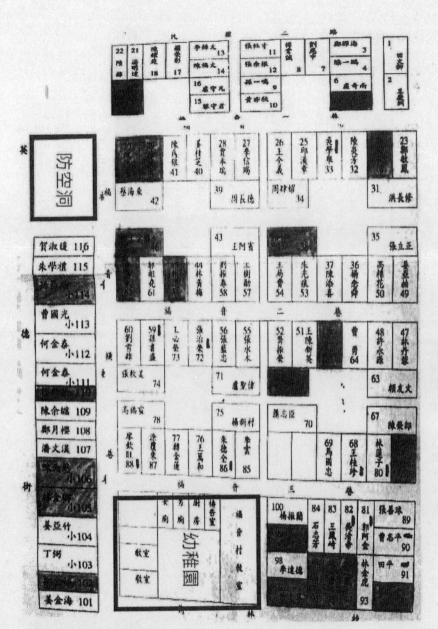

*5 住户姓名登记图（数据源：
高雄卫理公会学生中心汪鹏聪
主任）

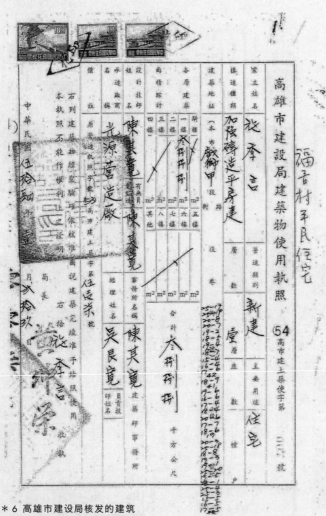

＊6 高雄市建设局核发的建筑
物使用执照（数据源：高雄卫理
公会学生中心汪鹏聪主任）

由两位大师所设计，然而从建筑物使用执照来看*6，建筑设计应是由陈其宽建筑师事务所负责。对比汉宝德的回忆录[15]，得知此案主要是由陈其宽接案，带着当时同在东海担任助教的汉宝德与华昌宜共同操刀完成。整个方案的执行架构与台中东海大学建筑系及东海教会体系相互联结；除设计团队皆在东海建筑系任职以外，负责申请使用执照的光源营造厂，从东海大学诸建案以至福音新村，一直与陈其宽维持着合作伙伴的关系；使用执照所示之业主施季言先生为当时卫理公会园长。此案结构为加强砖造，外墙部分使用1B红砖，内墙隔间采用10厘米空心砖粉白施作，屋顶与地板则用水泥灌浆，十足的灰、白对比之作。

此方案原为118户的花园式合院住宅规划，具名造册的登记使用者为116户，2户未登记。在房舍配置上分成大户与小户，大户共108户，小户为8户。房子与绿地采用方格状排列，原设计稿使用棋盘格子与不断向外延伸的规划操作模式*7，以及院子的花园空间，宛若现代主义住宅提案理想的延伸。由上往下观之，绿地既像是充满宗教意象的十字平面，又像是合院规划格局；远望则是一批象征暂时性居所意象的蒙古包。此案占地共3 888平方米，绿地与建物面积比为1：2，为"花园城市"概念的50%。本规划共五区*8，除D、E两区中8户为6坪（约19.8平方米）小户住宅以外，其余皆为12坪（约39.6平方米）住宅，供家庭型住户申请。A、B、C、D区皆让居民自行种植蔬果、树木，2006年

仍保留最完整区域的是C区左侧的合院*9,10。室内空间布局呈现完整的正方形，将室内设有蹲式马桶与淋浴结合之卫生间、起居室、餐厅区隔开来。

平面配置形式分甲、乙、丙、丁四种样式*11-14，外墙部分的结构材料使用1B红砖，表面材料使用白灰粉刷，踢脚板用水泥粉刷；内墙隔间为10cm空心砖皆刷白，隔间未达屋顶高度；屋顶与地板用水泥灌浆、屋顶表面材料使用粉人造石，酿出曲线壳面；甲种、丙种与丁种皆为6m×6m的大户住宅，乙种样式为6m×3m的小户住宅，小户的使用空间为大户的1/2。大户住宅平面削出易于察觉的四等分空间，这三种大户室内配置的主要差异处在于出入口方向，以及厨房与厕所隔间方位的不同。其隔间材料皆使用空心砖刷白，厨房使用磨石子灶台，大门附挂百叶窗。*15-17

早期建筑物完全无柱，直到后期因居民人口暴增及不断违法增建，使得建筑物开始发生结构问题，才不得已在建物中间加上柱子*18。此举经常影响后来人们的判断，以为此案的柱子在设计之初就是存在的。而作为承重作用的加强砖造，其工法早期是由日本传入，设计初衷是为了符合

一

15. 汉宝德自叙："我们碰建筑，是当陈先生（陈其宽）的副手，为了省钱使用伞型薄壳结构，在建筑系试验成功后，到处推广，最成功的是东海的艺术中心。当时基督教会找陈先生在高雄兴建一批平民住宅，陈先生交给我负责。……华昌宜在结构图上签字。"（摘自：汉宝德．筑人间．台北：天下出版社，2001年，第91页。）

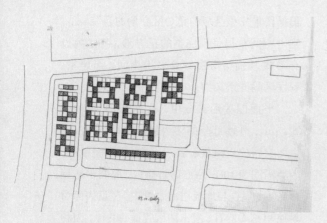

＊7 棋盘格子状的总体规划（数
据源：张馨文）

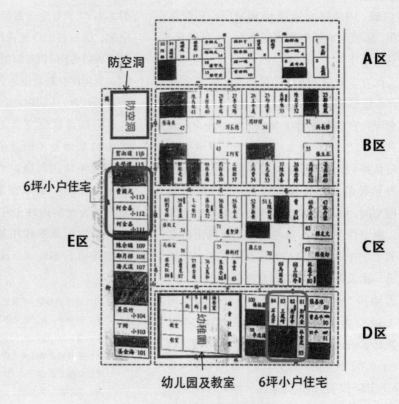

＊8 住户姓名登记及其分区规划

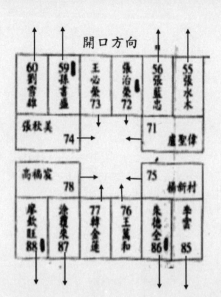

*9 C区左侧合院及住宅出入口示意

*10 2005年时的福音新村C区
（数据源：高雄卫理公会学生中心
汪鹏聪主任）

SAC

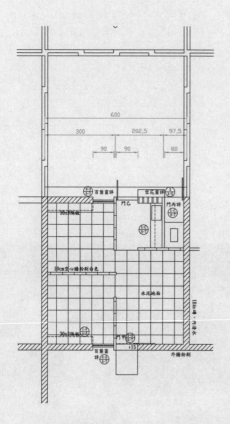

* 11 甲种平面图 (张馨文测绘)

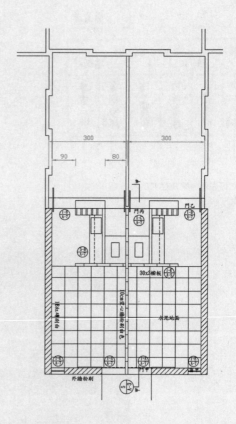

* 12 乙种平面图 (张馨文测绘)

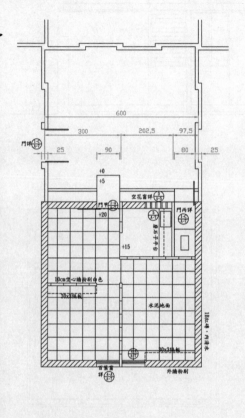

* 13 丙种平面图（张馨文测绘）

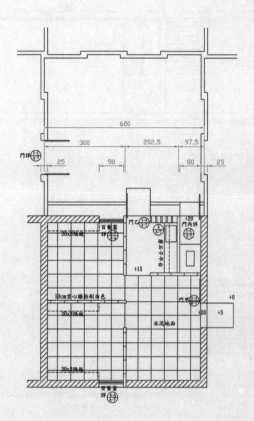

* 14 丁种平面图（张馨文测绘）

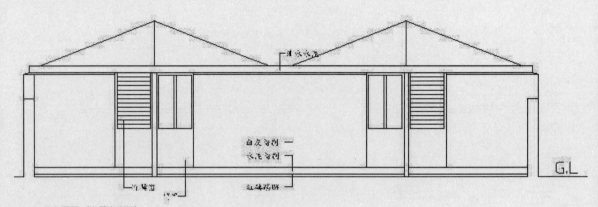

* 15 正立面图（张馨文测绘）

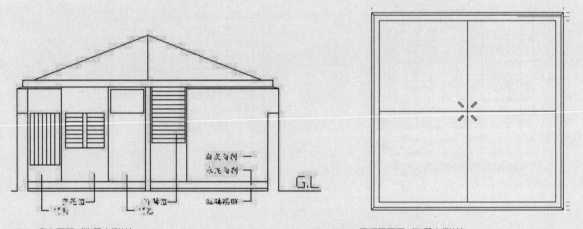

* 16 背立面图（张馨文测绘）

* 17 屋顶平面图（张馨文测绘）

＊18 室内屋顶照片（张馨文摄）

SAC

低价预算又可模仿现代主义的钢筋混凝土，此技术移植到台湾，为因应当地在材料技法方面更不纯熟的现实情况，呈现更为简化的状态。此构造形式反映了台湾迈向现代主义的一种特殊构造风情与演绎，也是文化移植与转译的佐证。此案天花缓坡向四方墙壁陡斜而下，在屋顶轴在线创造了一种有别于国际默认的平屋顶样式、充满东方建筑尖顶式的天花趣味，是当时倒伞形结构的变异。[16] 而白色的水泥粉刷让此案初期闪耀着的白茫茫色彩，如同与其他现代主义建筑一般有着雪白的情结，在光影交错中突显了几何量体的趣味。[17]

2.3 社会福利计划及"美国经验"的移植

福音新村规划与落实背后所潜藏的现代性经验，与台湾现代建筑思潮的引进途径息息相关。曾接受海外建筑教育洗礼的专业者影响甚巨，他们的返台执业或执教彻底改变了台湾的地景与建筑思维。在当时，留美的专业者较同时期留日的专业者有更多的社会资源支撑，前者的在地实践甚可说是一种"美国经验"的在地转化过程。除了建筑师们的空间规划以外，教会在布教过程中输入的社会福利思想，也对锻造并体现"美国风情"影响甚为深远。这样少之又少的样板式建筑空间与济贫的社会实践方案，在政府与教会支持下成为一股非常重要的社会稳定力量，而高雄福音新村就是这样的例子。在 1953 年到 1972 年期间，美国卫理公会从大陆转至台湾与香港地区重新发展。这一时期除注重布道及向外扩展外，

负责主体规划与执行的外籍传教士也着重于社会服务与教育工作，同时亦与其他基督教派合作[18]，在台湾各种社会服务、医疗、教育工作的策略，都可以在福音新村中见到明确的缩影。福音新村在运作上仅派驻一位管理员负责事务性杂务，整个小区自治事务则希望由居民共同协议而成，此举即赋予了自治小区生活圈之意涵。截至 1972 年，教会在周边陆续建造教堂、幼儿园及专业医生驻诊的医疗诊所（"活水诊所"，1968—1970）*[19]，如遇重大疾病就送至高雄义基督教医院，或屏东基督教医院。美援时期，卫理公会创办占地约 485 坪（约 1 600.5 平方米）的豆浆工厂（当时称作"福豆奶"）并引进西德机器进行生产*[20]。而作为居民活动中心的休闲农园与公园规划等，在在都赋予此案社会救赎的色彩。

2.4 1970 年代以降福音新村的没落、诉讼、拆建与转型

1970 年代世界整体次序发生重大变动，同时也影响了美国教会对台湾教会的态度与政策。政治上，因中华人民共和国在世界政治舞台上日渐扩大的影响力，吸引了美

---

16. 汉宝德 . 筑人间 . 台北：天下出版社，2001 年，第 91 页。

---

17. 陈宣信 . 看哪！上帝的荣光 . 中华基督卫理公会高雄荣光堂四十周年纪念专刊，2005 年，18-20 页。

---

18. 林素铃 . 基督教卫理公会在台湾的扩展及其空间性之诠释 . 台湾师范大学地理研究所论文，2002 年。

SAC

国政治风向球与教会向其靠拢[19]，促使1978年美国与台湾断交；加上世界经济不景气致使美国教会陷入财务困境，以致缩减宣教援外计划等，都深刻影响了福音新村的命运。1971年7月美国宣教士撤退，美国卫理公会差会决议不再差派美国会督来台，并撤回对台湾各相关机构的资助。[20]福音新村的管理也在美国宣教士撤退后，瞬间坠入失序的黑暗时期。村民不再

＊19 福音幼儿园（数据源：卫理公会．怜悯与恩典——中华基督卫理公会高雄荣光堂三十周年堂庆暨编辑特刊．1995年）

按约定缴纳管理费，并滥建滥造，使此地成为违章建筑叠床架屋的混乱地点＊21-23。另外，台湾教会由于长期依赖美援，此时并无足够人才来处理福利事务，因而造成许多社会福利工作停顿，居民们更是不再续约且不搬迁并期望永久占房，甚至在仅持承租权的状况下私下买卖房屋，开设撞球场、机车行、汽车修护厂等，让联栋式"白厝"顿时变成了大杂院。最后连神坛、赌场也出现[21]，因中低收入户聚集且为娼者入住，直接影响了都市发展，故在当时被附近住户称为"都市毒瘤"。

1987年起卫理总会开始处理福音新村改建的问题，部分居民反对搬迁，要求提高补偿费并要求土地所有权。此举让教会与民

19．瞿海源．台湾宗教变迁的社会政治分析．台北：桂冠出版社，1997年。

20．林素铃．基督教卫理公会在台湾的扩展及其空间性之诠释．台湾师范大学地理研究所论文，2002年，第27页。

21．陈宣信．看哪！上帝的荣光——中华基督卫理公会高雄荣光堂四十周年纪念专刊．2005年，18-20页。

＊20 豆浆工厂（数据源：徐至强，林季博主编．看哪！上帝的荣光——中华基督卫理公会高雄荣光堂四十周年纪念专刊．2005年）

＊21, 22　违建（数据源：蔡元
良整理．高雄市福音村难民住宅
检讨．境与象, 1973 年）

SAC

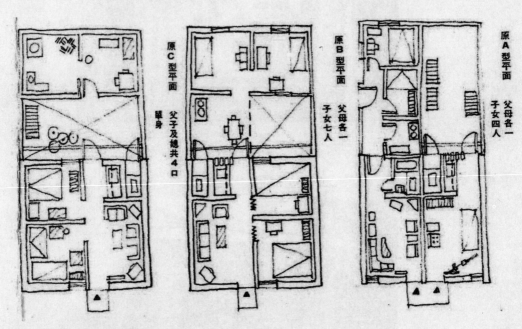

SAC

原A型平面 父母各一 子女四人

原B型平面 父母各一 子女七人

原C型平面 父子及媳共4口 单身

＊23 1970 年代初期各类型住宅
状况调查，原花园空间几乎全部
加盖为卧室。（数据源：蔡元良
整理．高雄市福音村难民住宅检
讨．境与象，1973 年）

众间开始了为期多年的民事诉讼。当时的高雄市长苏南成本希望出面调解停息纷争，一方面支持教会改建大楼以清除"都市毒瘤"，并协调居民以自付一半费用、其余由卫理公会自行吸收的方案购买每户 24 坪（约79.2平方米）的住宅，另一方面则帮居民争取银行优惠贷款，以减缓买房压力。但最后谈判还是破裂[22]，以致村里教友慢慢流失[23]。最终，卫理公会总会于 1991 年打赢官司，住户陆续迁出，直至 2004 年 8 月完成了最后一户居民的搬迁[24,25]。

此后福音新村历经两年空置时期，直至 2007 年 7 月初，部分建筑被拆除兴建为学生宿舍，另有部分则采用旧建筑再利用模式，与社会福利单位合作，转为老人养护中心，全名为"卫理长者日间照顾中心"[26]。改建后的室内仍保有部分建筑原样，屋顶的曲线伞状结构还在[27]，但外观改动不少，窗与门尺寸皆加大，外墙表面使用颗粒状的小石子刷上粉红色系，下部分墙面为灰色[28]，但在外部加上带有灰蓝色的瓦片，使得原本外观上的弧线消失，转而成为四片直角斜屋顶，体现了浓浓的美国郊区建筑风格。

03 从东亚现代化过程看现代主义的住宅论述移植经验

财政及社会组织机关将运用有效而协调的方法解决住宅问题。

柯布西耶[24]

20 世纪 50 至 70 年代的台湾，不论文化界多么

强势地鼓吹中华文化复兴并以之支持传统政治正统，或者由于自五四运动后分道扬镳的自由主义与社会主义两支文化取向而对之采取批判立场，都难敌横向的美式文化移植势头。国际风格（international style）成为建筑与都市改造的主流形式，"美国经验"往往是二战后各地区重建计划中的主要项目，特别是东亚冷战防御体系，架起的不仅是意识形态的围墙，也是落实现代主义的媒介。面对战后重建与政治经济现代化，住宅方案不仅隐含着劳动力再生产的基本空间需求，也充满了民主化意涵。从福音新村所体现的社会住宅提案而言，其不仅贴合着美援脉络，也在执行者全是美籍教士与深受美国建筑教育洗礼的专业者的状态下，使得现代主义落地生根，它反映了地区安全与国际关系借由贫户住宅而达到平衡的经验，也说明了样板式空间背后的政治意图。例如福音新村基本住宅单元坪数的拟定是以居住的最小化需求为前题，这个设定可见 1929 年 10 月在法兰克福举行的第二届 CIAM 会议提出的"最小限住宅"（minimal housing）的影子，也就是中低收入户住宅尽可能地把生活中最低限度的要素抽离出来，减小居住面积，强调标准化降低成本，并建造满足日照、通风等功能成为住宅

22．高雄卫理学生中心汪鹏聪主任口述访谈记录。（访谈时间：2008 年 7 月 30 日；访谈者：蒋雅君、张馨文）

23．林季博．看哪！上帝的荣光——中华基督卫理公会高雄荣光堂四十周年纪念专刊．卫理公会高雄荣光堂历史沿革, 2006 年, 14-15 页。

＊24,25 居民协议搬迁后的情
形，仍隐约可见违建加盖之景况
（数据源：高雄卫理公会学生中心
汪鹏聪主任）

＊26 "卫理长者日间照顾中心"
招牌后方的大楼为早先规划之 A
区拆除改建，现为学生宿舍（张
馨文摄）

＊27 长者日间照顾中心住宅，为
保留原屋结构与墙面者（张馨文摄）

＊ 28 改建后的外观（张馨文摄）

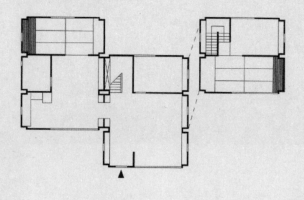

Drawing15: Sekisui Heim M1
Plan (S:1/200)

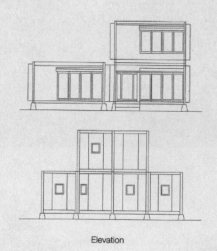

Elevation

＊29 大野胜彦之积水住宅案
M1，1971（数据源：马卫东主
编．日本现代住宅12选．宁波出
版社，2006年，第34页）

SAC

建设的根本目标。"居住的最小单元"、"住宅是居住的机器"等攸关"房屋工业化"（功能主义）的课题皆是此论述的理论基础。此不仅限于台湾，同时期的日本在1945—1950年间提倡的"民主化住宅思想"，及后续的"最小限住宅"＊29，还有陆续提出的"12坪木造国民住宅"、"减轻家务劳动为主题的住宅"、"以育婴为主题的15坪住宅"等方案，皆可见样板式住宅基本原型不断复制的轨迹[25]。

而在与台湾同样面临战后大量移民而住宅荒迫切的香港，亦看得出现代主义强势主导住宅提案的色彩，港府由公私部门共同建造大量低价住宅规划以应对强大的住宅荒，1954到1963年间的住宅提案就建筑密度、通风和娱乐设施等皆不尽人意。H形配置型态

为此时期的产物。这类型的公寓一般有六层，无电梯，一切公共设计都集中在连接部分，包括唯一的水龙头和公用浴室及厕所。房间平均面积为11.2平方米，成人每人2.2平方米，至今仍有50万人居住于此。1964至1973年间，政府专门成立住房委员会，控制住宅政策的变化，此时期公寓配置已有厨房、水龙头和厕所，每个成人的住房面积为3.3平方米，住房至少16层。而原先离市区偏远的公共住房也在交通系统与环境改善之后，以"新城"之姿，缓解了住房人口压力。此规划与英国新市镇的不同之处在于，70%的香港新市镇为政府所建，且离市中心不超过10公里。其规划原则，如人车分道、房屋工业化、居住最小单元等，可清楚看见现代主义建筑师柯

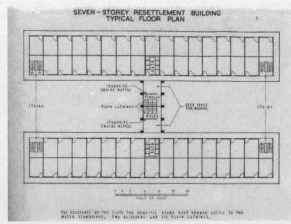

＊30 香港徙置大厦（数据
源：http://hkold.blogspot.
tw/2007/12/1958.html）

＊31 香港徙置大厦平面图（数
据源：叶荫聪．一个卫生城市的
诞生：香港早期公共房屋的殖民
建构．城市与设计学报，2003年，
13-14期）

SAC

布西耶的规划影子，香港的都市地景可说是
现代主义住宅乌托邦的延伸与实现＊30,31。

3.1 橘越淮为枳——规划论述中的乌托邦提案

上述列举可见战后东亚数区域的国际风格移
植系谱，所展现的社会住宅提案虽具相似的
空间集约使用原则，却因为不同的社会、政治
土壤而有着不同的实质意涵。柯布在《迈向
建筑》书中高唱"财政及社会组织机关将运
用有效而协调的方法解决住宅问题"，此举是
将"社会建筑"/"福利国家"联系起来，而
人口、土地、居住面积、营建方式、公共部门
的积极介入等，都是现代主义住宅理论的基
本养分。在东亚的历史情境中却有着不同的
演奏曲调，社会住宅论述在台的发展与执行

即是一种特殊的经验。福音新村除了彰显冷
战时期美国教会介入主导的乌托邦计划之外，
这种通过给予贫穷阶级一个好的空间营造与
自助小区自主的管理经验，则说明了在冷战
时期的经济与文化援助过程中，贫户住宅就
解决居住问题与保障地区安全问题而言，是
一种重要的工具。而这样的工具及社会救赎
乌托邦理念，在当时的台湾亦有三股力量与
之并行，交织缜密，试图将"社会建筑"/"福

24．柯布．迈向建筑．施植明译．台北：田园城市，
1997年，219页。

25．马卫东．日本现代住宅12选．宁波出版社，
2006年，第33页。

利国家"这个核心概念通过住宅营造计划予以体现。它们分别是：

（1）充满人道主义色彩的"计划之学"

专业者抱持着社会人道与人文主义关怀之眼[26]，出版《建筑双月刊》《建筑与计划》《境与象》等杂志，提出了建筑之社会角色乃公民社会与知识分子自觉的体现。历任这三本刊物主编之职的汉宝德在1969年刊于《建筑与计划》杂志的《台北市的集合住宅研究》一文中说道："在编辑的方向上是鼓励有意义的研究，是愿意读一些比较具体的东西的。在建筑这一行业中，与国计民生最相关的问题，就是住的问题。……我们没有一个大学在国民住宅研究方面有一段成就，更谈不上专设的研究机构。"他认为过去专业者往往将住宅问题视为都市化过程中的自然现象而未加控制与指导*32,33，而任由土地私有与分配不公[27]，加上政治上的集权统治而未能实施地方自治、建筑教育的工具性等，都使得住宅建筑成为投机者的乐园。当时的这批杂志编辑者基于社会观察转而寻求现代主义在形式美学之余更深层的意义。他们认为，社会住宅必须是由建筑师与规划师有意识的安排、强而有力的地方政府，以及一个由民选的且有权力制订地方发展方案之法律的议会共同营造而成，该文认为现代主义"将住宅的空间作最经济的处理，在功能上作最仔细的分析，许多住宅中的共同因素都巧妙地精简化了，最后得到的就形成了一具高密度的载人机器，我们从大师戈必意的作品中可窥见他对此独具慧眼的处理方式"[28]，成为解决住宅问题的良方。

26．1960年代汉氏赴美前的论述，可说是摆荡在社会人道主义与人文主义之间的。从翻译刘易斯·芒福德（Lewis Mumford）《城市之文化》（*The Culture of Cities*）最后一章作为学士论文《新都市秩序的社会基础》（*Social Basis of the New Urban Order*），可见汉氏为社会人道主义所吸引。另汉氏对西方建筑史的涉猎，如《人文主义建筑学》等书的影响，可见其深受文艺复兴人文主义的影响。参考：汉宝德．筑人间．台北：天下出版社，2001年；萧百兴．依赖的现代性——台湾建筑学院设计之论述形构（1940中－1960末．台湾大学建筑与城乡研究所博士论文，1998年，第230页；黄俊升．1950-60年代台湾学院建筑论述之形构——金长铭／卢毓骏／汉宝德为例．台湾淡江大学建筑研究所硕士论文，1996年。

27．汉宝德认为："在这种情况下，台北市的居住建筑，自然成为一门赚钱的行业，变成投机者的乐园。在短短的几年中，严格的土地私有权，加上地主到银行贷款的特权，加上代表土地所有者权益的计划概念，加上落伍的建筑法规限制，加上低能的建筑师，加上企求暴利的开发商人，在经济高速发展的温床下，形成了可以称为'台北式'的相当代表地方性的一种公寓样式。当然，建筑师与大学建筑系的教育所能做的只限于技术、实用与纯理论方面。很可惜，我们的建筑界连这一点也没有做到。建筑的教育大都醉心于'美'的建筑的创造，甚至于仍继续以杂志的抄袭与模仿为务。我们没有一个大学在国民住宅研究方面有一段成就，更谈不上专设的研究机构。"摘自：汉宝德．台北市的集合住宅研究．建筑与计划，1969年，第17页。

28．出处同上注。此引文中的"戈比意"即柯布西耶，不同年代有不同的翻译名词。

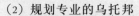
＊32 战后台北市的违章建筑
（数据源：《建筑与计划》，1969
年5月，第17页）

（2）**规划专业的乌托邦**

1960年代专业技术官僚介入住宅生产，将日本、欧美工业化生产住宅方案视为带动经济复苏的理想途径，通过留学、考察，引入核心国家的方法与新技术，来解决住宅问题。1963年制定的《台湾省国民住宅地区设施规划准则》就是邻里思想与大街廓概念这种专业知识论述的仿真，1960年代都市建设与住宅计划小组（UHDC，1966—1971）[29] 所执行的林口新镇计划更是大规模的乌托邦思想展现＊34-36 [30]，当时的规划图似是柯布光辉城市情境的再现。前者在整个社会脉络中没有执行，后者则为土地转手的暴力所摧毁。这些虽然都没有实现，但是专业的理想与论述工具，却在大学的专业训练中长期传播。

（3）**公宅规划的实施**

《公宅规范》既已规定了楼地板面积的上限，也就不再考虑最大的商业利润，反而成为刚从学校毕业任职于公宅机构的技术官僚，或以竞图方式比图的建筑师寻求空间变化的主要对象。这些规划彻底发挥了邻里单

—

29. 许嘉纬 . 都市建设与住宅计划小组（1966-1971）对台湾都市规划影响之研究 . 台湾大学建筑与城乡研究所硕士论文，1999年。

30. 李淑惠 . 政府推动林口新市镇开发历程与问题探讨 . 台湾科技大学建筑系硕士论文，2006年。

＊33 南机场整建公宅（数据源：
张敬德．实用建筑摄影．明生出
版事业有限公司，1992 年，第
265 页）

＊34,35,36 林口新市镇规划图
（数据源：李淑惠．政府推动林口
新市镇开发历程与问题探讨．台
湾科技大学建筑系硕士论文,
2006 年）

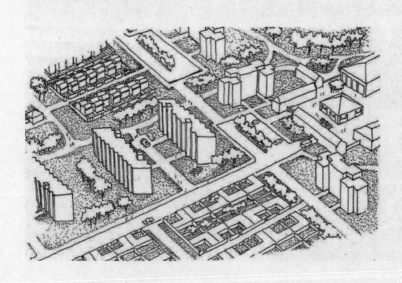

SAC

元的思想，以及柯布西耶有关大街廓的空间形式的理念：集中公共空间、人车分离、私密性、户户通风采光等[31]。这种新的空间形式与台湾过去的空间形式完全不同，成为新的标记，在意识形态上达成了象征的意义，摆脱了60年代整建住宅的廉价贫民窟形象，但也塑造了一个与历史文化迥异的空间形式和都市纹理[32]。

04 灵光消逝的年代——乌托邦的失落

若说现代主义的社会建筑思维是其思想最伟大的遗产，则开展具有社会救赎意涵的社会住宅的在地经验研究，似乎略可窥见现代主义前卫思潮在移植与转化过程如何被现实所穿透与改造？甚至，在真实的社会情境当中，乌托邦思想又是如何自我显像？这攸关了现代主义最具反省性价值的一面，也是一种观察建筑思潮如何面对现代性的不断否定而有意识地不断反思与蜕变的视角。福音新村在1970年代的整体崩落，以及规划

———

31. 米复国．台湾的公共住宅政策．台湾社会研究季刊，第一卷第二、三期，1988年，第132页。

———

32. 张哲凡．光复后台湾集合住宅发展过程之研究．成功大学建筑研究所硕士论文，1995年。

SAC

与建筑"人道主义"思维在同一时代的处境与形式化操作的趋势，究竟何者存留？则直指了社会住宅如何在台湾被供应与落实的问题。1951 至 1983 年间，台湾住宅供应的平均成长率最低为 9%，有关住宅的投资，这 32 年间就增加了 41.86 倍（以 1983 年的币值而言）；但整体而言，战后住宅供应中，公共住宅只占 5.8%（主要集中在 1981—1984 年间），其余 94.2% 由民间提供，这说明了民间才是住宅兴建的主力。

大抵而言，台湾建筑业在 1971 年之后开始热络，70 年代末达到高峰，1982 年之后呈现下降趋势。从公、私住宅供应量而言，台湾在 1975 年之前并没有重视住宅问题，也没有明显的住宅政策，福音新村与少数社区计划只是沧海一粟。政府只是寄望经济发展能够自动解决住宅问题。这种无政策的政策，事实上是政府以容忍的态度来化解住宅问题，造就了一个低质量的住宅环境。整体而言，台湾并非福利社会，对于劳动力的投资不足，政府企图以投入经济的建设来创造投资的环境，以提供就业机会来稳定社会。因此，台湾的经验并非由政府完全介入社会建筑的建造过程，而是放任住宅市场非正式化来解决住宅问题，减低消费的成本与工资的压力，同时也造就非正式部门的经济发展[33]。而社会住宅盖得少且不便宜，根本无法解决中低收入户的住宅问题。而冷战时期的教会救赎计划，亦免不了政治路线的选择，硬生生地成为国际政治消长局势中的特殊平衡力量。

台湾在 1960 年代被纳入世界分工体系，经济发展主要以外贸为基础，中小企业家及在公共部门就业的中产阶级成为房地产的主要需求者，同时分享了 60 年代世界经济繁荣的果实。当经济发展是由都市化来实现时，它就带动了都市人口的集中，直接促成了房地产的蓬勃。面对人口集中现象，政府主要采取兴建道路与建设基本设施的途

33．许坤荣对中低收入户的研究，指出了台北都会边缘地区住宅市场的非正式化现象。较低收入者需要廉价的住宅，建筑商也通过各种方式供应较为廉价的住宅。他们经常与地方的权力集团结合，较易取得地主的信任而与地主合建，可以分摊土地增值税及享受免征所得税优惠；进一步则通过地下建筑师，营造标准设计的低价成屋来压低设计费；也采用分包的方式赚取差额的利润，避免严格的监工要求，偷工减料，以获得较低成本的住宅，这样可以增加竞争力及本身的利润，却降低了住宅的质量。他们直接提供给消费者的好处是，较容易帮助消费者取得贷款，采用预售的分期付款方式减缓自备款的压力，也因为事先预售而可以变更为消费者委建的名义，来规避房屋买卖的 7.5% 的契税、1% 的监证费与 0.4% 的印花税（台湾省另外还有 2.5% 的教育税）。建筑商也同时通过预售的方式获得资金，借助特殊渠道尽量方便消费者变更设计及搭盖违建，逃避建筑技术规则的限制。这种依附在合法市场下的非正式化的住宅，普遍发生在台北都会区的邻近地区，供应了都会区大部分需要住宅的中低收入者。政府对此运作过程仍然采取容忍的态度，例如：并无都市分区使用管制、住商或住工普遍混合、都市建设也没有卫生下水道，因此有关环境卫生及居住质量的建筑设备经常"因陋就简"。许坤荣．台北边缘地区住宅市场之社会学分析．台湾社会研究季刊，第一卷第二、三期，1988 年，149-210 页。

径来应对，这样的策略就提供了经济发展的基础及形成都市土地资本大幅增值的条件，而放任土地私有制度、视土地为一种稀有商品的做法，不可避免地造成了土地投机。然而，面对活络的民间住宅市场，却是政府提供中低收入户住宅近乎缺席的状态，使得台湾版本的现代主义实践，面对土地资本化的过程，瓦解了宗族与土地关系，使得核心家庭与分户产权制度在移植的时候缺乏与之配合的社会福利制度。因此，在西方现代主义思想落实在公共住宅发展过程中，政府的力量举足轻重，甚至二战后新兴国家或地区，如新加坡与香港，在官方大力支撑下皆有大量国民住宅供应。反观台湾，面对中低收入户住宅，举凡公共住宅政策、边缘市场、非正式营造、都市棚户地区与贫民窟等，从供房角度言却是民间活力远大于官方力量。因此，现代主义者面对公共服务时并无空间扎根的状态。汉宝德在 1988 年《建筑、社会与文化》一书的自序中，道尽了现代主义社会住宅在台的窘境："在'精神向度'的阶段里，我已经感觉到建筑是社会性的艺术，但我是自'建筑是社会活动的舞台'的角度来看这个定义的。因此，在隐约中，我为建筑而骄傲，为自己能参与这样伟大的工作而自豪。但是到了今天……那种英雄气概失掉了，开始体会到建筑与社会、文化的真正关系……这不表示我不再承认建筑的重要性。而是表示英雄式的为改造人类实质环境为目标的建筑在我心目中逐渐失去其地位了。"[34] 现代建筑的神话不仅在冷战

后期失去了国家安定性论述的基础，同时也在整个国际脉络与社会情境变迁中，逐渐退却其乌托邦的闪耀色彩。

SAC

—

34．汉宝德．建筑、社会与文化．台中：境与象，三版修订本，1988 年，2-3 页。

文献
Literature

"激进"的建筑与城市

曼弗雷多·塔夫里

希尔伯施默（Ludwig Hilberseimer）在其代表作《大都市建筑》（*Grossstadtarchitektur*）中写道：

> 大城市的建筑，就在于对两个要素的处理：基础单元（cell）和整体的都市有机体。单个房间，作为住所的组成要素，决定着住所的外貌。并且，当住所累积而成建筑物时，房间将成为都市构成中的一个要素，这就是建筑的真正目的。反过来，城市的平面结构也将对居住与房间的设计产生实质的影响。[1]

因而，简单地说，巨大的城市就是一个统一体。从这段话中，我们可以这样来理解作者的意图：整个现代城市，变成一个巨大的"社会机器"（social machine）。与（20世纪）二三十年代那些德国理论家的思路相反，希尔伯施默选择的是都市经济这一特殊面貌，将其独立出来，以便将都市的组成部分拆解开，进而分析都市。由于阐述的清晰和问题要点的精简，希尔伯施默关于建筑单元和都市有机体之间关系的论述已成典范。单元不仅仅是连续的生产线（它最终产生出城市）中的第一要素；它还起着调节建筑结构集合体的活力的作用。它的标准化本质，使得相关的分析和处理都要以抽象方式进行。就此意义而言，建筑单元表现出生产程序的基础

结构，并且，其他的标准化构件都被从中清除。单个建筑物现在不再是"客体"。它只是一个场所，在其中，个体单元聚集起来，获得物质形式。由于这些单元可以无限（ad infinitum）再生产，所以，它们在概念上将生产线的基础结构具象化，将"空间""时间"这些旧概念一并清除。顺理成章地，希尔伯施默将整个城市有机体（the entire urban organism）提名为第二项法则。单元的形态提前决定了都市的整体规划将与之协调。一旦规定下集合之法则，城市结构就可以对单元的标准形式施加影响。[2]

在有所规划的、严格的生产过程中，建筑（architecture）的特定维度消失了。至少在这个词的传统意义上是这样。建筑对于匀质性的城市来说是"异常之物"，所以它被完

1. L. Hilberseimer, *Grossstadtarchitektur*, Julius Hoffmann Verlag, Stuttgart 1927. 参见 G. Grassi, introduction to L. Hilberseimer, *Un'idea di piano*, Marsilio, Padua 1967.（原文为德文版，*Entfaltung einer Planungsidee*, Ullstein Bauwelt Fundamente, Berlin 1963）

2. 根据这一理论衍生出"垂直城市"的计划。按照格拉西所说，这是有别于柯布西耶在1922年的巴黎秋季沙龙中展出的"三百万人城市"方案的另一条道路。应该注意到，希尔伯施默在移居美国之后的那段自我批评的时间——尽管他和跟随其的激进知识分子团体一直保持严格的距离，但他并没有对社区与自然的神话视而不见，它们是"新政"的意识形态元素之一。

完全全溶解掉了。希尔伯施默写道：

> 必须按照由多样性控制的普遍规律来塑造大型建筑群。需要被强调和凸显的是，普遍的案例和法则。与此同时，异常之物被排除，细微差别也消失无踪。统治一切的是测量（measure）。它强使混沌具有形式，一种逻辑严密、意义明确、数学化的形式。[3]

并且：

> 我们必须按照形式的规律（它对每一个要素都同样有效），来塑造不同种类的巨大物质体块。这暗示着把建筑形式缩减为它最规范、最必需、最普遍的需要（requirement）。也就是，缩减为立体的、几何学的形式，这种形式表现了一切建筑的基本要素。[4]

这不是一个纯粹主义者所作的"宣言"。希尔伯施默关于大都市建筑的思考，和贝伦斯（Behrens）在 1914 年所作的观察是完全一致的[5]。他建立起一种逻辑推导。它开始于某种假设——这些假设一直被概念性的阐述严格压制。希尔伯施默没有为设计活动提供什么"模式"，反之，他在最抽象的（因为也是最普遍的）层面上，为设计建立起其自身的坐标与纬度。用这种方法，希尔伯施默揭示出，在这一时期（生产重组是其标志）建筑师们被召唤的新工作。这一点，他比同时代的其他建筑师（格罗皮乌斯、密斯、陶特）都要做得好。希尔伯施默的"机器城市"（city-machine），

这一西美尔笔下的大都会意象，确实仅停留在某一新功能的表象上。这一新功能是资本重组所给予巨型城市的。但是，事实并不仅限于此。在新生产技术、市场的扩张与合理化的表面上，建筑师作为一个"客体"的生产者，实际上已经成为一个无从独立的角色（figure）。问题不再是为城市的单一要素赋予形式，甚至也不再是创造一个简单的原型。一旦真正统一的生产周期在城市中落实下来，那么建筑师要做的工作，就是去组织这个周期。如果把希尔伯施默这一命题推向极致，那么，"组织模式"的那些富有活力的设计者，就是既反映泰勒式建筑生产的需要，也反映出技术人员新角色的人。他们现在已经完全结合到生产需要之中。

希尔伯施默只凭这一观念就使自身免于卷入"客体的危机"之中。路斯、陶特这类建筑师对此（"客体的危机"）满怀忧虑。在希尔伯施默看来，"客体"并未危机。"客体"已经不在他思考的范围内，他唯一关心的是

---

3. 引自 L. Hilberseimer, *Grossstadtarchi-tektur.*

---

4. 同上。

---

5. 参见 P. Behrens, "Einfluss von Zeit und Raumausnutzung auf Moderne Formentwicklung," in *Der Verkehr*, Jahrbuch des Deutschen Werkbundes 1914, Eugen Diederich Verlag, Jena 1914, pp. 7-10.

由组织法则来确定的环境。准确地说，希尔伯施默的真正价值正在于此。

另一方面，曾被大家忽略的是，希尔伯施默完全拒绝了将建筑当作知识的工具，当作创造性探索的方法。即使是密斯，在这个问题上也是一分为二。在柏林的非洲大街（Afrikanische Strasse）住宅中，他比较靠近希尔伯施默的立场；在斯图加特的魏森霍夫实验区（Weissenhofsiedlung）中，他的立场有所动摇。然而在为"玻璃、钢的曲线摩天楼"所做的方案中，在为卡尔·李卜克雷西（Karl Liebknecht）和罗萨·卢森堡（Rosa Luxemburg）所做的纪念碑中，在1935年的住宅计划中，还有在图根哈特住宅（Tugendhat）中，他探索了建筑师向未知领域进行创造性介入的可能性。

我们无意逐一追溯这一论争的各项后继发展，这一论争贯穿现代运动的整个历史。反之，这里要强调的是现代运动所遭遇的那些矛盾和障碍。试图将技术性命题从创造性目的中分离出来，导致了这些矛盾和障碍的出现。

恩斯特·梅（Ernst May）的法兰克福，马丁·瓦格纳（Martin Wagner）的柏林，F. 舒马赫（Fritz Schumacher）的汉堡，C. 范伊斯特伦（Cornelis van Eesteren）的阿姆斯特丹，在城市的社会民主管理史中都是最重要的篇章。但是，紧挨着住宅区（Siedlungen）这一秩序绿洲（这些实验性的小区和小社区，它们在都市的边缘处建造起乌托邦，对都市现实几乎不产生什么影响），城市的历史中心和工业区，仍不断地积聚且增加着矛盾。很快，其中大部分矛盾，就比建筑的自治意图所带来的矛盾更有决定性。

那些表现主义建筑，将这些矛盾中暧昧的生命力吸收进来。维也纳的那些大院（Höfe），波尔齐西（Poezig）或门德尔松（Mendelsohn）的公共建筑，显然与先锋派运动进行都市干预时所用的新方法论无关。它们实际上拒绝了"艺术"所开拓的新视野。这种艺术认可其自身的"技术复制能力"，并且将之当作一种影响人类行为的方式。尽管如此，这些表现主义建筑似乎仍然表现出某种批判价值，尤其在现代工业城市发展的处境下。

显然，诸如波尔齐西在柏林的格罗瑟斯剧场（Schauspieltheater），赫格尔（Fritz Höger）的智利大厦（Chilehaus）和他在汉堡的其他建筑，以及汉斯·赫尔赫因（Hans HerHein）和古瑟·帕勒斯（Günther Paulus）的柏林建筑，并没有建构一种新的都市现实。但是，他们通过求助于一种对痛苦的形式化过度处理（exasperations），对眼前的现实矛盾表达了自己的看法。

表现主义和新客观性（Neue Sachlichkeit）这两极，再一次将欧洲文化的内在分裂外向地符号化出来。

在客体的毁灭和客体的加剧之间，不可能存在什么交流。前者和其替代物被包豪斯和构成主义思潮的艺术革命所影响；后者则是典型的表现主义者的暧昧的折中主义。

但是，我们不应该被外在表象所欺骗。这只是两种知识分子之间的一场论争。一类知识分子将其意识形态角色简要定位为生产体系所要求的先进程序的协调工具。这一生产体系正在重组过程中。另一类知识分子采

SAC

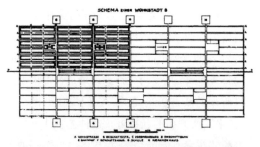

＊1 希尔伯施默所著《大都市建筑》中的插图，斯图加特，1927年。

用的工作方式是，充分利用欧洲资本主义的负面内容。在这个意义上，哈林或门德尔松的主观主义，对于希尔伯施默或格罗皮乌斯的泰勒主义来说，就具有一种批判含义。然而，客观点讲，这仍是一种殿后（rear-guard）位置的批评。所以，它也无法提出可通行的选择（universal alternatives）。[6]

—

6. 基于这个原因，我研究了塞维近来反复强调的将门德尔松诠释为"一个表现主义者"及反抗者形象的观点。这一观念颇为可疑。参见 B. Zevi, *Erich Mendelsohn, opera completa. Architettura e immagini architettoniche,* Etas Kompass, Milan 1970。门德尔松早期的所有作品，都是建立在对现实的尼采式的接收上。很容易来证明他在都市尺度上的"拼贴画"（对《柏林日报》[Berliner Tageblatt] 大厦的修复，对杜伊斯堡的 Epstein 仓库的设计），以及他在柏林的城市设计，都充满着20世纪初期德国社会学的影响——关注大都市的人的行为。门德尔松的特殊形式手法（塞维对此有准确的分析），其目的很显然在于"感官刺激的加强"（intensification of sensory stimulation）（*Nervenleben*）。西美尔在其著作中首先将这一点当作是大都市对"城市人"的特殊作用。不应该忘记的是，对于西美尔或门德尔松来说，这一"感官刺激"只是某种高级理性成果的前提条件（*Verstand*）。对门德尔松这些面貌有兴趣的是两本几乎被忘却的由德国建筑史学家所著的著作：K. Weidle, *Goethehaus und Einsteinturm*, Wissenschaftlichen Verlag Dr. Zaugg u. Co., Stuttgart 1929; W. Hegemann, "Mendelsohn und Hoetger ist 'nicht' fast Ganz Dasselbe? Eine Betrachtung Neudeutscher Baugesinnung," *Wasmuths Monatschefte fur Baukunst*, XII, 1928, 9, pp. 419-426.

门德尔松的自我宣传式的建筑，是一种很有"标志性"味道的创造，它服务于商业资本。与此同时，哈林的细腻表达也对德国中产阶级的后期浪漫倾向产生影响。但是，将20世纪建筑的整个过程表现为一个独立的统一周期，也并不完全是错。

对矛盾的拒绝，成为追求客观性和理性化规划的前提。这表明，建筑只是一种偏见式的方法。特别是在它与政治权力结合得最为紧密的时候。有着社会民主意识的中欧建筑师，他们的经验，产生于行政职能和知识分子的建议的相互协调。实际上，无论梅、瓦格纳或者陶特，在社会民主制的城市中都有着官职。

现在，如果整个城市都采用机械工业的结构，那么，各种问题都应该在其中寻找各自的答案。首当其冲的问题，滋生于两方面的冲突：一面是必须在全球性的组织"机器城市"；另一面是地产投资等寄生机构——它们阻碍了建筑市场的扩展和现代化进程，也阻止了正在发生的技术革命。

建筑计划，随之衍生的都市模型，作为基础的经济与技术前提（即土地的公共所有权、工业化建筑体系，与有计划的都市生产周期相符合），三者不可分解地联系在一起。建筑学完完全全被整合进规划的意识形态之中。即使是形式上的选择，也依赖于这一意识形态，并且随之起伏不定。

梅在法兰克福的全部作品，都可以看作是建筑的具体"政治化进程"（politicization）的极致表现。建筑场地的工业化，包含了对最低限度的生产单元的建造。被确定下来的

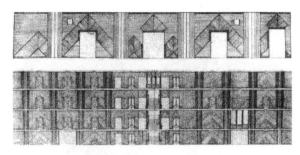

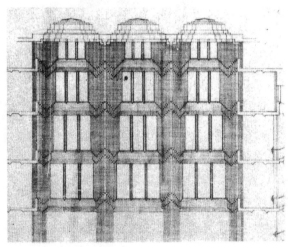

＊2 彼 得·贝 伦 斯，赫 斯 特（Hoechst）行政管理办公楼中央大厅立面图，法兰克福，1920-1928年。

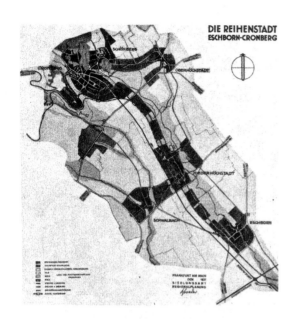

＊3 埃施博恩 - 克龙贝里系统（the Eschborn-Cronberg system）地 区 平 面 图，1931 年。

最低限度的单元，就是住宅计划，就是住宅区（siedlung）。在这一综合体中，工业化的基础要素，被安置在服务性中心的轴心位置（比如，"法兰克福式厨房"）。新区的范围、它们在城市中的位置，都由地方政策来决定。市政当局直接控制着这一地区。但是，住宅区的形式模式是一个开放性的问题，它也由此成为新区的文化标志的元素。与此同时，建筑师所信奉的那些政治目的得以"实现"。

纳粹宣传机构后来称法兰克福的这些社区为建成的社会主义（constructed socialism）。

我们应该将其看作是社会民主的实现。然而，应该注意的是，政治职能与知识分子职能的协调一致，只是有助于调整建筑物与上层建筑之间的关系。这一切，都很清晰地反映在城市自身的组织之中。这些经济封闭的住宅区，反映出政治承诺（undertakings）的临时性特征。这些承诺完全回避开城市的矛盾，并且，这些社区没有就此固定下来，它们还改造为一种与新的生产中心形制（发散型）相关的体系。

19 世纪 20 年代（二、三十年代之间）的中欧建筑的乌托邦主义，就存在于左派知识分子（民主化的资本主义中的先进成分，比如拉特瑙[Rathenau]）和民主化管理之间的热烈联盟上。然而，在施工中，在解决单个问题的过程中，慢慢出现一批高度普遍性的模式——大名鼎鼎的占地与征用政策、技术试验、对作为标准建筑类型的住宅计划进行形式表述。但这些模式在现实中检验时，也暴露出它们功效的局限性。[7]

确实，梅的法兰克福，就像马希勒（Mächler）和瓦格纳的柏林一样，趋向于在社会层面上对模式进行再生产，趋向于使城市呈现出生产机器的"样子"，趋向于在都市结构、销售和消费机制中，获得某种无产阶级化的平淡外观。（中欧的都市主义所追求的阶级之间的特征 [the interclass character]，一直是理论家们倡导的目标。）但是，统一的都市意象，从未由德国和荷兰的建筑师们所实现。这一意象，是"新综合"（new synthesis）提议的形式隐喻，是对大自然和生产资料（它们属于一个新的"人类"乌托邦）进行集体控制的一个信号。这些建筑师在严格控制的都市和区域规划的政策中进行工作。他们由此创造出可广泛应用的模式。住宅区模式就是一个例子。但是，对这一理论的不断追求，还在城市中复制着旧式技术生产线的解体形式。城市依然是各个部分的集合，这些部分只是最低限度（功能性）地统一在一起。甚至在各个"片段"中（也即在工人的住区中），所用的集合方法也很快就被证明并不可靠。

在建筑这一特殊领域里，危机爆发在30年代的柏林西门子城（Siemcensstadt）。让人难以置信的是，当代历史研究依然对这一由汉斯·夏隆（Scharonn）规划著名的柏林住宅区视而不见。在这个作品中，"现代运动"最严重的一处断裂口暴露了出来。

西门子城规划的前提，是将一种统一的设计方法，运用到不同维度的尺度上。这显露出西门子城的乌托邦特征。在都市设计的

---

7. 对于二战间欧洲城市社会民主管理状况的完整研究，依然很欠缺。要进入这个主题，就必须参考以下各种期刊：*Das neue Frankfurt, Die neue Stadt, Die Form*（参见专著 *Die Form. Stimme des deutschen Werkbundes*, Bertelsmann Fachverlag, Berlin 1969）。另外还需参考：J. Buekschmitt, *Ernst May*, A. Koch Verlag, Stuttgart 1963; B. M. Lane, *Architecture and Politics in Germany, 1918-1945*, Harvard University Press, Cambridge, Mass., 1968; E. Collotti, "Il Bauhaus nell'esperienza politico-sociale della Rapubblica di Weimar," *Controspazio*, 1970, no.4/5, pp. 8-15; *L'abitazione razionale. Atti dei Congressi CIAM, 1929-1930*, edited by C. Aymonino, Marsilio, Padua 1971; M. Tafuri, "Sozialdemokratie und Stadt in der Weimarer Republik (1923-1933)," *Werk*, 1974, no. 3, pp. 308-319. Idem, "Austromarxismo e citta: 'Das rote Wein'," *Contropiano*, 1971, no. 2, pp.259-311. 关于德国经验的成果，参见：M. De Michelis, "L'organizzazione della citta industriale nel Primo Piano Quinquennale," 该文收入多位作者合著的 *Socialismo, citta, architettura*.

＊4 恩斯特·梅与同事设计的罗马城居住区，法兰克福。图示为总体平面图、一个两户式住房平面图与对比表格。来源：《新法兰克福》(Das neue Frankfurt)，1928年第7期。

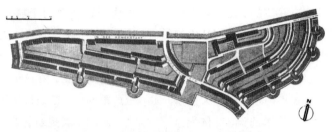

SAC

基础上（克利 [Klee] 的反讽式变形似乎与此相关），巴特宁（Barting）、格罗皮乌斯、哈林和弗伯特（Forbat）等建筑师论证了，在此过程中，建筑客体消解了，这反向地凸显出现代运动的内在矛盾。格罗皮乌斯和巴特宁依然信奉这一观念——住宅设计就是一种生产线。但是，夏隆的间接反讽，哈林的有机式表达，却走向另一面。如果住宅区的概念，用建筑"碎片"证实了（用本雅明的术语来讲）"灵韵"的消失（destruction of the "aura"），那么，反过来，夏隆和哈林的"客体"就是在慢慢恢复这一"灵韵"，尽管它依然受制于新的生产方式和形式结构。

西门子城只是同类案子中最引人注目的一个。实际上，除了范伊斯特伦为阿姆斯特丹所做的方案之外，很明显，三四十年代欧洲构成主义运动的理念——赋予一个统一风格的城市以活力——陷入了危机。

不过，这一危机开始于欧洲民主社会运动推动的都市政策的双重失败。一方面，这一政策企图控制阶级运动，当然，它很快就被证明是失败的。另一方面，它试图证明，由工人阶级和贸易联合组织（比如德国的 Dewog 和 Gehag）所直接操纵的建筑活动的优越之处。但是，城市中的实验区一直都与生产领域的全面重组过程相脱节。

为什么城市的社会民主管理的平衡机制会由于一次失效而崩盘呢？还有一个原因。那就是都市化任务（urban undertaking）所提议的模式：住宅计划，即住宅区。其实，这些试验性的社区，本身就是一种全球性的反都市意识形态。这一意识形态一方面回返到杰斐逊身上，另一方面，它也深深陷入（早期）社会主义思想传统之中。（这可不是马克思的社会主义思想。我们不妨回忆一下他在《资本论》和《政治经济学批判》中关于大城市的政治含义的章节。）梅和瓦格纳所领导的都市重组，就建立在对大城市内在否定性的预设上。所以，住宅区成为秩序的绿洲，成为一个实现了的乌托邦，一个成功案例——为工人阶级来倡导另一种都市发展的模式是有可能的。但是，住宅区公然设定的"市镇"（town）模式对抗大城市模式，等于是以藤尼斯对抗西美尔和韦伯。[8] 在恩斯特·梅的法兰克福中，建筑场地的技术更新，被强行置于一种普遍的反都市提议的头上。这些新区证实了梅的一个意向——将新的建筑生产体系的发展，与城市的片段化的、静态的组织构成结合起来。

但是，这是不可能的。城市的发展并不接受城市中的"平衡机制"（equilibrium）。所以，起平衡作用的意识形态同样被证明是失败的。

无论如何，我们应该注意到的是，反都市乌托邦思想有着历史连续性——它不断地向启蒙时代回返。并且，这一思想包含了"花园城市"理论、苏维埃的地方分权理论（decentralization）、美国区域规划协会（RPAA）的地域主义理论、赖特的"广亩城市"理论。我们还需记住的是，第一波无政府主义理论（必须"消解城市"）出现在1725—1750年间。[9] 从杰斐逊的反工业主义（它显然受法国重农主义的影响），到陶特的《消解城市》（Auflösung der Stadt，它反映了克鲁鲍特金 [Kropotkin] 的理念），到广亩城市，这些思潮都表现出一种对藤尼斯的"有机社会"（organic community）的强烈怀旧情结，以及对某些专修内心的宗教教派的怀旧，对超然物外不知人间疾苦的主体间交流（communion of subjects）的怀旧。

反都市意识形态一直表现着反资本主义的姿态。无论是陶特的无政府主义、苏维埃都市主义者的地方分权式的社会主义伦理学，

SAC

---

8. Ferdinand Tönnies, *Gemeinshaft und Gesellschaft* [Community and Society] 一书首版于 1887 年。但是藤尼斯对反抗有组织的社会的"原始社会"的怀旧，直到两次大战间才被激进都市主义接收下来，1950 年代的纯粹主义思潮对之也有所吸收。

---

9. 对这一点有特别关注的著作是 William Godwin, *Enquiry Concerning Political Justice*, London 1793。书中，启蒙运动的理性主义被推进到这样的程度：构想一个社会，在其中，国家消失，个体的人在自我解放的理性的引导下，聚集在没有法律或冥顽体制的小型共同体中。参见：G.D.H.Cole, *Socialist Thought: the Forerunners (1789-1850)*,McMillan, London 1925.

还是赖特的本土田园风格的浪漫主义，都是如此。[10] 但是，这种对金钱经济下的"野蛮大都市"的反抗，只是一种怀旧而已。同时，这也是对顶层的资本主义组织的拒斥，是对回归人性童年的渴望。并且，当这一反都市意识形态进入先进的规划（针对居住区的重组和区域重建，比如 RPAA 的案子[11]）时，某种对环境的即时需求，不可抗拒地将其再度吸收和变形。确实，"新政"所启动的领土政策（territorial policy），并没有满足亨利·赖特（Henry Wright）、克莱伦斯·斯坦（Clarence Stein）和刘易斯·芒福德（Lewis Mumford）等人的期望。

"市镇"模式，是以一种地域性的田园风格构想出来的。但是，它并没有在一种新的都市维度（由新的生产组织所创造）中坚持下来——尽管在 1945 年后它以响亮的民粹主义论调在意大利再度兴起。共同体（Gemeinshaft）、有机社会在 20 年代德国左翼思想中的影响相当强劲，但它们已经成为一个失败的设想，注定会屈服于商业公司（Gesellshaft），以及非个体的、异化的社会关系之下。巨型大都市构筑了这一社会，并且成为它的栖息之所。

大都市将其存在方式无限扩展，与此同时，也带来了"不均衡发展"这一时轻时重的问题。确实，那些规划理论都建立在重建平衡关系这一前提上，首当其冲的是苏维埃的规划理论。这些理论注定在 1929 年的大危机之后被全然更换。

不可能性、多功能性、缺乏有机结构——简言之，也就是现代大都市表现出的一切矛盾面貌，似乎都不在中欧建筑师们的理性追求范围之内。

（胡恒 译）

—

10. 关于赖特的"荒原"和反城市理念，参见：E.Kaufmann,Jr.,"Frank Lloyd Wright: the 11th Decade,"*Architectural Forum*, CXXX, 1969, no.5; N.K.Smith, *F.L.Wright. A Study in Architectural Content*, Prentice Hall, Inc.,Englewood Cliffs, N.J.,1966; R.Banham,"The Wilderness Years of Frank Lloyd Wright,"*Journal of the Royal Institute of British Architects*, December 1969; G. Ciucci,"Frank Lloyd Wright, 1908-1938, dalla crisi al mito,"*Angelus Novus*, 1971, no.21,pp.85-117, 以及 Ciucci 的 "La citta nell'ideologia e Frank Lloyd Wright. Origini e sviluppo di Broadacre," 该文收入多名作者合著的 *La citta americana dalla Guerra Civile al New Deal*, cit., pp. 313-413.

—

11. 关于 RPAA（美国区域规划协会）的活动，参见：R.Lubove, *Community Planning in the 1920's: the contribution of the RPAA*, University of Pittsburgh, 1963; M.Scott, *American City Planning since 1890*, University of California Press, Berkeley and Los Angeles 1969; 以及 F.Dal Co, "Dai parchi alla regione. L'ideologia progressista e la riforma della citta," 该文收入多名作者合著的 *La citta americana dalla Guerra Civile al New Deal*, cit., pp. 149-314.

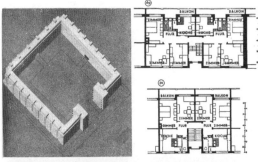

＊5《新法兰克福》1929 年第 7
期的封面, 这一期是交通问题专题。

＊6 卡尔·施耐德（Karl Schneider），
汉堡雅尔路的"劳姆"（Raum）居
区，1929 年。上图：建筑轴测图与
不同房间类型平面图；下图：建成
后建筑。

SAC

＊7 赖特, 广亩城市。

结论形式的问题

曼弗雷多·塔夫里

显然,要将(上述的)批评与某种设计行为(对当下最迫在眉睫的问题视而不见)结合起来,并不容易。

不可否认的是,我们现在面临着两个并存的现象。一方面,建筑生产作为总体规划的一部分,不断压缩着建筑观念(ideology,即意识形态)的作用;另一方面,在大都市的群聚过程(urban agglomerations)中愈演愈烈的经济矛盾和社会矛盾,似乎阻碍了资本的重组。面对城市秩序的理性化进程,现今的政治／经济势力显然对尝试着解决现代运动的建筑观念所提出的那些任务兴趣寡然。

换句话说,观念的无效性是一目了然的。城市估算(urban approximations)和规划意识形态,就像是旧时神像,被贱卖给古董收集者。

资本直接经营土地已是眼前之事实,但是"激进"的反对派(包括部分工人阶级)却对资本主义发展所抵达的这一最高阶段视而不见。它(反对派)之前尚还愿意接受资本在其发展第一阶段中所使用的那些意识形态,但是后来又反对它们。就这样,反对派将一些次要矛盾错当作主要的、基本的矛盾。

为城市规划立法而斗争,为建造活动的重组而斗争,为城市改造而斗争。艰辛的斗争过程制造出一个幻觉,即:为规划而战。其本身就构成了阶级斗争的一个目标。

问题还不在于用好的规划来驳斥糟糕的规划。但是,如果将规划比作圈羊行为(the cunning of the lamb),那么,我们就能够理解规划结构的那些决定性要素。在每个规划案例中,这些要素都与工人阶级突然冒出的问题有所呼应。这也就意味着,抛弃"新世界"之梦(它产生于理性原则的现实化过程),就成为一种不"放弃权利"(renunciation)的规划(plan)。认识到过时手段的无用性,只是必须走的第一步。我们还要记住历经波折的知识分子现在正承担的使命,以及资本在其理性化进程中清除掉的那些观念。[1]

然而,显而易见的是,今天所有针对都市和区域结构的斗争,不管与工人阶级有多大关系,都必须考虑到其过程的巨大复杂性。当完整的经济周期中的矛盾导致了该复杂性

---

1. 在马里奥·托伦蒂的开创性文章中,他写道:"在我们之前,还从未有过关于资产阶级思想的出色的抽象综合;我们有的是对(作为资本实践的)最平凡的经验主义的偶像崇拜。我们也没有那些具备逻辑体系的知识、科学原理;我们有的是大众(从历史角度来看,它没有什么秩序)、不连贯的经验、无人会预料的大事件。科学与意识形态再度混合起来,彼此抵触。然而,这不是发生在观念无休止的体系化过程之中,而是发生在阶级斗争的日常事件之中……资产阶级意识形态的所有功能装备,已经被资本交托到已被正式认可的工人阶级运动的手里……这就是为什么我们会说,今天的意识形态批判是一个关注于工人阶级视角的工作,并且它只存在于对资本的二次审判之中。"(M. Tronti, "Marx, forza lavoro, classe operaia," in *Operai e capitale*, Einaudi, Torino 1966, p. 171ff.)

SAC

时，尤其如此。例如目前在建筑活动领域中表现出来的那些状况。对于这一现实，在意识形态批判之外，还存在着某种"党性的"（partisan）的分析方法。"党性"分析的路数是，不断在现实中辨识出潜在的发展趋势，找到自相矛盾的策略的真正对象，挖掘出与看似独立的经济领域相关的利益关系。对我来说，一旦"建筑"愿意接受此种类型的操作，那么，眼前就有一项还未被触及的任务。它就是，使工人阶级（他们团结在政党和联盟之中）与强劲的资本主义发展所达到的最高状态直接面对。与此同时，将特定时刻和一般性设计结合起来。

但是，要做到这些，就必须去了解新生现象和新加入的力量，尽管它们都局限在规划技术的领域之内。

前文我已经提到了在相关于规划（programing）的学科中，"平衡"（equilibrium）的意识形态的危机（按照我们的定义）。一方面，平衡之意识形态所指的是苏维埃的"五年计划"这段历史；另一方面，它又是处理这一危机的"后凯恩斯"（post-Keynesian）经济理论所采用的措施。[2]

"平衡"在运用到激烈变化的既定领域时，甚至于类似一种无法实现的幻象。确实，现在，要在危机与发展之间，在技术革命与资本有机构成的激进变化之间取得平衡，是完全不可能的。力图在城市与其辖区之间创造静态平衡，不是一个可选择的解决方式，而是一个时代错误（anachronism）。

1930 年代至今，保罗·奥斯卡·克里斯特勒（Paul Oskar Kristeller）、勒施（August Lösch）、詹恩·丁伯根（Jan Tinbergen）、迪特尔·博斯（Dieter Bos）等人提出的分析模型，以及对生产中心的定位的预测，我们与其指责其不足，或者用意识形态标准加以批评，不如多加留意一下它们所提出的经济学假想。苏联 1920 年代的一位理论家，普里奥布莱森斯基（Evgenii Alekseevich Preobražensky），日益引起大家的重视，这一点相当有意义。我们越来越清楚，普里奥布莱森斯基是一位规划理论的先驱者。这一理论明确建立在动态发展、有组织的"去"平衡和干预行为等基础之上。它的前提是，对大规模生产的持续革新。[3]

但是，应当注意的是，那些各自为政的区块里的规划行为，到目前为止，其操作在很大程度上都依赖于一种相当静态的模型。这一模型所采纳的策略，是以消除不平衡为前提的。这一点，除了那些独立的区块之外，同样适用于在干预技术和其特定端点之间形成

2. 关于苏维埃在第一个"五年计划"开始阶段的经济史，可参见 Contropiano, 1971, no. 1，这期全部是关于苏维埃的工业化问题；特别参见 M. Cacciari 的"Le teorie dello sviluppo," p. 3 ff., 以及 F. Dal Co, "Sviluppo e localizzazione industriale," p. 81 ff.

3. 参见 M. Cacciari, "Le teorie dello sviluppo." 出处见前注。M. Cacciari 和 C. Motta 目前正在进行关于普里奥布莱森斯基理论的系统研究。

＊1 普里奥布莱森斯基

的闭合周期。将因循静态模型转变为创造动态模型，似乎是今天才提出的任务。其背后的原因是，资本主义的发展需要对其规划技术进行升级。

规划并非简单地反映出发展的某一"瞬间"。反之，现在它呈现出一种政治制度的新形式。[4]

通过这种方法，学科间的那种单纯且简单的老式交叉（在实践层面上，这一交叉遭到失——

---

4. 帕斯奎尔·萨拉切诺（Pasquale Saraceno）近来呼吁的"将'程序'目标当作普遍类型的'编程'行为，这一做法必须被超越"，就是这样一个规划概念——去除掉1950到1960年代很热门的图解式与分区式规划理论。萨拉切诺写道："如果编程（programming）是一种普遍存在的特点，那么，本质上它具有一个目标（非常不寻常，它相关于覆盖了公众行为的多种既定要素的大量计划），那就是把在公共领域里执行的全部活动一并组构成一个系统。这样，编程，就成为某种程式（procedure），它提供了一种方法，可以比较所有被提议的政府行为的花费，还可以比较这些花费的总量与所有可预计的资源总量。采用某种类似的程式来讨论被程序

化的社会，比谈论被程序化的经济要更为适合。"（Pasquale Saraceno, *La programmazione negli anni'70*, Etas Kompass, Milan 1970, p.28）。需要指出的是，萨拉切诺的"普遍程序"根本没有建构起一个有执行力的规划：它可怜的官方职责，就是"不时地（大体上间隔不超过一年）让大家了解到系统的状况"（见前引书，p.32）。意义重大的是，对新机构的诉求能够协调这一问题。对该方法的正面评价，出现在 Progetto 80的架构中。那是一份对于意大利经济与都市状况以及 1980年以来发展可行性的报告，由一个经济学家与城镇规划家团队在 1968至 1969年为"发展部"而筹备。该报告证实了对这一思考路线的采纳。萨拉切诺问道："Progetto 80到底是怎么回事？它是对国家问题的一次系统化的回顾。在当下，那些国家问题就是最重要的事情的标准，是新机构的标准。这些机构比现有的那些只顾去想要解决问题的方法的机构要好得多。如果我们的公共领域已经按照上述的模式被规训在一个系统之中，那么，这些文件的草拟者就需要制造出那个被命名为程序验证（program-verification）的东西"（见前引书，p.50）。尽管，事实上，萨拉切诺的技术展望不无一些乌托邦的余烬——他对"某种法令"的诉求，"该法令借助于社会力量，能够在道德上支持解决问题所需要的资源利用过程"（见前引书，p.26）——他对1966－1970年的"五年计划"（支持某种针对控制发展的机构转型）的批评，被 Sandro Mattiuzzi 与 Stefania Potenza在一份记录中非常准确地指出来，见："Programmazione e piani territoriali: l'esempio del Mezzogiorno,"*Contropiano*, 1969, no. 3. pp. 685-717. 萨拉切诺的观点，就是当下一股重新建构相关"程序"的实践与理论的巨大风潮的一部分，近来一系列刚出现的声音证明了这一点，它们认为规划就是某种"连续、彻底的被操作的政策"。参见 G. Ruffolo, "Progetto 80: scelte, impegni, strumenti," *Mondo economico*, 1969, no.1.

SAC

败）被彻底超越。

霍斯特·里泰尔（Horst Rittel）已经清楚论证了将"决策理论"（decision theory）嵌入自控系统（self-programing cybernetic systems）的弦外之音。（我们很容易认为这一类型的理性化活动很大程度上再现出一种乌托邦式的模型）里泰尔写道：

> "价值体系已不再被认为稳若磐石。能得
> 到什么，取决于什么是可能的；什么是必
> 然可能的，取决于我们想要什么。目的和
> 使用功能并非各自独立的衡量尺度。它们
> 在确定的范围内，具有一种相互暗示的关
> 系。价值的表现，只有在宽泛的限度中才
> 是可控的。面对未来发展方向的不确定
> 性，期望建构严格的、决定性的模型显然
> 是荒谬的。长期以来，这些模型都一直被
> 当作不同的实施策略。"[5]

"决策理论"必须保证"决策体系"的灵活性。显然，这已经不再纯然是价值标准的问题。规划先行者必须要回答的是，"什么样的价值体系具有普遍的连贯性，并且能保证改进和延续的可能？"[6]

对里泰尔而言，正是规划的结构产生出其评价体系。规划与价值之间的所有冲突都已烟消云散。这一点，我们从马克斯·本斯（Max Bense）的理论阐述中，可以看得很清楚。[7]

这里涉及到的现象（都与规划结构和设计组织相关），其结果构成了一个完全开放的问题。这是我们今天必须面对的问题。并且，它还涉及到必须重视教学试验（didactic experimentation）这一问题。

这样看来，建筑所扮演的历史角色还剩下什么呢？建筑在多大程度上被卷入那些生产过程（它只将建筑看作一个纯粹的经济因素）了呢？在一个更大的体系中，建筑的小天地的范围选择性有多大？对于这些问题，身处当下的建筑很难给出一个答案。

事实是，对于建筑师来说，发现他们的意识形态积极制造者身份在逐渐消退，感受

---

5. H. Rittel, Ueberlegungen zur wissen-schaftlicen und politischen Bedeutung der Entscheidungstheorien, report of the Studiengruppe fur Systemforschung, Heidelberg, p. 29 ff., 现收入 H. Krauch, W. Kunz, H. Rittel合编的 *Forschungsplannung*, Oldenbourg Verlag, Munich 1966, pp. 110-129.

---

6. 同上。

---

7. 帕斯夸洛托写过："本斯在其分析的后续部分，表现出必要的余地以及其结论的基础，与此同时，也证明了本雅明对现实的技术整合所提议的策略是如此的不完善。工艺流程将元素与结构、价值与判断（本属于美学和伦理学领域）彻底形式化了。它在展现技术的意向性（technische Bewusstsein, 它再现了其基础）方面，无疑是非常管用的。反过来，技术的意向性将其自身表现为建构'新主体性'的决定要素，这一切都是为了最终的目的'新综合'：技术的意向性来回穿梭，直奔一体化的技术文明之终点。但是，很显然，一体化的实现并不仅只依赖技术意识形态的有组织的特点，很大程度上，它还依靠对技术策略的精心计划。"（G. Pasqualotto, *Avanguardia e tecnologia*, cit., pp. 234-235）

到多种多样技术的能力（它们推动了城市和地区的理性化进程）与相伴随的废弃的日常景观，以及特殊的设计方法在能够改变它在现实中的前提基础之前就已过时，这一切都制造出一种焦虑的氛围。恶兆出现在我们眼前，这是一场糟糕透顶的灾难：建筑师的"职业"地位逐渐衰落，进入一个建筑的意识形态角色最小化的过程。

在某些发达资本主义国家里，这种新的职业状况已经成为现实。建筑师们恐慌不已，并且通过极端神经质的形式和意识形态扭曲来驱除它的影响。这只能说明这群知识分子在政治上的倒退。

建筑师们曾经在意识形态层面上期待着严厉的规划法则，但是现在他们又无力在历史层面上理解这条变革之路。最终，他们推翻了自己所鼓动的那些程序的结果。更糟的是，他们试图用一种充满感情的伦理学方式重启现代建筑；试图将政治任务强加在现代建筑身上。这些政治任务只不过是用来暂时平息眼前风波——它们既不具体，也无法测度。

反过来，我们需要看清一个事实：现代建筑的整个周期和视觉交流的新体系已经成型、发展，并且出现危机。它满心期望在一个较为过时的意识形态层面上，解决全球市场和生产发展中那些资本重组的问题（不平衡、自相矛盾、滞塞）。这一任务最终落到伟大的资产阶级艺术头上。

由此可见，有序与无序不再彼此对立。从本真的历史意义来看，构成主义（constructivism）

与"抵抗艺术"（art of protest），理性化的建筑生产与主观化的抽象表现主义或反讽的波普艺术，资本主义规划与都市黑洞，规划意识形态与"诗意的客体"（poetry of the object），它们之间并不存在矛盾。

在这个标准上，资本主义社会的命运和建筑设计并非完全无关。要将现代资本主义整合进人类社会的一切结构和上层建筑，设计的意识形态还挺重要的。它貌似可以对付那些花样百出的设计路数，或者某种激进的"非设计"（antidesign）。

也许，建筑身负某些特殊任务。这里，我们更有兴趣的是去质疑：被马克思主义所激励的文化，是否不怀好意地否认或掩盖了一个简单的事实？（如果小心在意且持之以恒的话，马克思主义或许在其他地方更有作为。）这一事实就是，不可能建立一种阶级的美学、艺术或者建筑，而只能建立一种针对美学、艺术、建筑的阶级批判。正如不可能存在阶级的政治经济（a class political economy），而只存在针对政治经济的阶级批判（a class criticism of political economy）一样。

对于建筑与都市的意识形态进行一以贯之的马克思主义批判，只不过就是对偶然性的、历史性的现实"去神秘化"（demystify）。这一现实无所谓客观性和普遍性，并且潜藏在诸如艺术、建筑、城市这些抹杀掉差异性的大一统的术语之下。同样，这一批判也必须看到资本主义发展所达到的新层面。阶级运动应该直面这一现实。

第一个要破除的知识分子幻想就是：只

SAC

通过图像，就来展望适于"无压迫社会"的建筑条件。提出这一口号的人（显然很乌托邦），从来都不会扪心自问，没有建筑的语言、方法和结构的变革，口号的目标有无说服力？那些变革与单纯的主观意愿或者简单的语法更新毫不相干。

现代建筑已经揭示了自己的命运。它在自主的政治策略中，担当着理性化理念的载体。工人阶级只是随后才受这一理性化理念所影响。这一现象的历史必然性是相当清楚的。一旦我们认识到这一点，就再也不能掩盖一个最终事实——建筑师的选择徒然又痛苦，他只能绝望地俯就于学科的意识形态。

"徒然的痛苦"，是因为建筑师被禁闭在一个铁板一块的死牢里，挣扎是毫无用处的。事实上，现代建筑的危机不是它已经"筋疲力尽"（或"纵欲过度"）；而是，它是建筑的意识形态功能的危机。现代艺术的"衰落"最终证明了资产阶级的两面性。它（资产阶级）在"积极"的目标与无情地挖掘自身的商业化目标之间倍受煎熬。陷入其中就再无出路：艺术家们要么在图像的迷宫中无尽徘徊，这些图像如此多义，以至最终统统归于沉寂；要么，他们就自囿于隔绝外在的、静止的、完美的几何学世界。

因此，走纯建筑路线是行不通的。确实，在控制建筑设计主要特征的结构中寻找出路，就是一种语汇上的自相矛盾。

反思建筑，就是对建筑自身已具体"实现"的意识形态进行批判。它必须超越这一阶段，抵达特定的政治维度。

只有在这一点上，也就是在清除掉一切学科性的意识形态之后，才有可能提出以下主题——在新型资本主义发展的界限内，技术人员、建筑活动的组织者、规划者扮演着怎样的新角色？随后再考量，在某种技术—知识分子者的工作与阶级斗争的物质条件之间可能存在的切点，或者无可避免的矛盾。

所以，与资本主义的发展历程相平行的意识形态批判，只不过是此类政治行为的一个篇章。事实上，今日意识形态批判的首要任务就是破除掉虚弱无力的神话。这些神话一直都在推动着某种幻想——"希望存在于设计中"（hopes in design）这一不合时代的观点还有生存空间。

（胡恒 译）

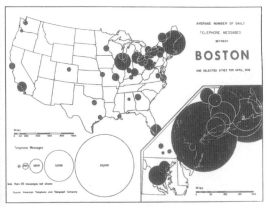

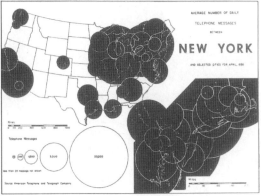

＊2 来自于波士顿和纽约的
电话通讯强度。N. 古斯塔夫
(N.Gustafson) 森绘制，来源：《大
都市》(Megalopolis)，二十一世
纪基金 (Twentieth Century Fund)，
纽约，1961 年。

＊3 阿尔多·罗西, L'architecture as-
sassinée, 手绘蚀刻版画, 1975 年。

人们留下些什么？

——阿尔多·罗西的摩德纳墓地

英格尼·约翰逊

过去十年，阿尔多·罗西于 1971 年设计的摩德纳墓地成为被广泛讨论的建筑方案之一。现在正在施工中的墓地基于 1976 年修改后的方案。罗西设计的墓地表明，他对旧有的建筑类型作了出人意料的组合，从而传递出他对建筑和生命的思考。

很多批评家如塔夫里持有以下观点，即罗西的设计所要传达的意义难以言表。本文试图说明的是，事实并非如此。将关于罗西的原始资料和他的写作进行同步研究，从而阐明其墓地设计中的复杂思想。尤其是罗西如何得益于皮拉内西（Piranesi）、布雷（Boullée）、路斯（Loos）、汉尼斯·梅耶（Hannes Meyer）、勒·柯布西耶（Le Corbusier）和德·基里科（de Chirico）等大师。最后，揭示出墓地体现了罗西的思想，那就是建筑具有特殊重要的意义，因为它在时间的流逝中保留着人类生存的证明。

意大利北部城市摩德纳自二战以来繁荣至今。与所有重要的艾米利亚（Emilia）中心一样（附近的博洛尼亚最为闻名），它在共产党政府的统治下发展良好。到 20 世纪 60 年代，由切萨雷·科斯塔（Cesare Costa）于 19 世纪设计的墓地已经不能满足摩德纳人的需求。[1] 科斯塔设计的墓地坐落在市中心西北面的一块以铁路分轨为界的用地上，该铁道联系起摩德纳、米兰和维罗纳（Verona）。墓地的西面毗邻一个更小的、表明该城市历史悠久的基督教信仰的耶稣墓地。1971 年，摩德纳市政当局宣布新墓地的设计竞赛，并选定了一块位于老墓地北面和西面、面积宽阔的地块用于新建。设计的期限是当年的 11 月 2 日。第二年的 6 月 13 日，与加尼·布拉格尼（Gianni Braghieri）合作设计的米兰建筑师阿尔多·罗西[2] 被宣布获得奖金为 600 万

—

1. 科斯塔是当地的新古典主义建筑师，他的代表作品是 1852-1857 年在瑞吉欧·艾米利亚（Reggio Emilia）地区设计的形象可人的歌剧院。参见 R.Marmiroli, *Il teatro municipal di Reggio Emilia*, Reggio Emilia, 1951。

—

2. 由罗西编写或关于罗西的著作至少有四本：A.Rossi, *Scritti scelti sull'architettura ela città, 1956-1972*, ed. R.Bonicalzi, Milan, 1975, 518-526, and 523-539；V. Savi, *L'architettura di Aldo Rossi*, Milan, 1976, 265-269, and 277-280；R.Moschini, ed., *Aldo Rossi, Progetti e disegni 1962-1979 / Projects and drawings,1962-1979*, New York, 1979, 158-162；Institute for Architecture and Urban Studies, *Aldo Rossi in America: 1976 to 1979*, New York, 1979, 50-55。这里有一份关于罗西最重要著作的各种版本和译本的清单：A. Rossi, *L' architettura della città*, 4th ed., ed. D. Vitale, Milan, 1978, 291-292。

SAC

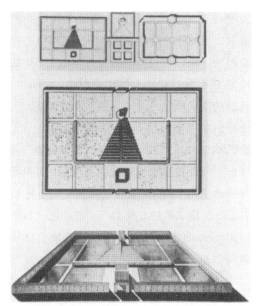

SAC

*1 阿尔多·罗西，摩德纳墓地，1971 年，参赛方案，从上至下分别为：展示位于已有的犹太人墓地和科斯塔墓地左侧的设计方案平面图；罗西方案的平面图；以及罗西方案的鸟瞰图（Comune di Modena, Concorso nazionale di idee per il nuovo cimitero, Modena, 1972）。

里拉的头奖＊1。³ 然而，投票表决的结果并非毫无争议。⁴ 1976 年罗西修改了他原来的方案＊2，随即开始施工。

罗西对他的设计作了一个非常复杂的建筑学阐述，但从根本上来说是富于诗意的。他翻译并于 1967 年出版了布雷的著作《建筑：关于艺术》（Architecture, Essai sur l'art）。⁵ 在序言中，他清晰地阐释了对建筑类型的兴趣：

> 布雷将特征和主题作为决定性的问题；他在方案开始之前就作出一个选择，在方案的过程中对这个问题优先考虑，即建筑的类型问题。
>
> 对于布雷来说，赋予一个作品以特征，意味着使我们专心体会其中固有的性格。那是一种能够持续唤起感情、让人激动的特征。⁶

布雷用一句富于纪念性的话语总结了他关于建筑特征的思考，罗西引用了此话："亡者的神庙！你的样子使我们的心凝结。"⁷ 在罗西构思摩德纳墓地时，这句话肯定已经深深印在他的脑中。

对于罗西，继承布雷的思想就意味着要懂得，建筑激发情感的能力不仅在于选择合适的建筑类型，还在于将各种常见的类型以出人意料的方式进行组合。在前面提到的那

—

3. 1972 年 9 月 23 日至 10 月 7 日，摩德纳举办了一次竞赛的设计方案展览，展览手册（未编页码）是：Comune di Modena, Concorso na-

zionale di idee per il nuovo cimitero. Mostra dei progetti partecipanti, Modena, 1972。手册内容包括竞赛的规则、提交方案的列单、评委会的会议记录，以及包括保罗·波多盖希 (Paolo Portoghesi) 和卡洛·艾莫尼诺 (Carlo Aymonino) 在内的评委会成员名单。不幸的是，这些方案都没有收在记录手册中。获奖方案以及其他一些经过挑选的参赛作品出现在 *Contros- pazio*, 10, October 1972，以及 F. Raggi,"Il concorso per il nuovo cimitero di Modena : Poesia contro Retorica/Poetry v. Rhetoric: The Competition for the Modena Cemetery,"*Casabella*, 372, 20-26。不过展览手册中收录了大量罗西竞赛方案说明文字的节选，以罗西方案的代称 "L' azzurro del cielo" 为题出现。这些文字以极为简略的形式出现在 Raggi,"Poetry v. Rhetoric", 21。这些文字又经过稍许不同的转译，被收入论文 A. Rossi,"The Blue of the Sky,"trans. M. Barsoum and L. Dimitriu, *Oppositions*, 5, 1976, 31-34。

——

4. 这次论战因为其中的两位评委而闻名：赞成罗西方案的波多盖希，"Città dei vivi, città dei morti," *Controspazio*, 10, October 1972, 2-3，以及投了反对票的 G. Gresleri, "… E le ossa di Etienne Boullée si voltarono nella tomba,ovvero:cosi si muore a Modena," *Parametro*, 15, 1973, 40-41。在前注提及的展览手册中，有一份评委会含糊其辞的公开声明，称罗西的方案将这次针对参赛者的辩论带到了关于当下建筑的大众讨论的层面。那些支持罗西方案的评委认为这个方案是一个统一连续的整体，并清晰地与已有的公墓产生关联。在罗西设计的秩序中，他们找到了走出现代城市越发无序状态的另一出路。而反对者认为公墓中那些具有纪念性的形式会与城市的天际线相冲突，而且它的集体精神牺牲了个体感受。

5. E. L. Boullée, *Architettura saggio sull'arte*, 罗西翻译并作序。他的序言重印于 *Scritti scelti*, 346-364。这是罗西最重要的评论著作之一。他所翻译的布雷著作对于意大利建筑师的影响，能够从摩德纳竞赛的一个方案中反映出来。在命名为 "NEKRONOMIKON" 的方案中，R. Bonicalzi 和 A. Pracchi 引用了该译著的丧葬建筑部分的章节 (*Controspazio*, 10, October 1972, 31-33；Raggi,:"Poetry v. Rhetoric," 26)。Bonicalzi 也是 *Scritti scelti* 的编辑。

——

6. 参见罗西为布雷作的序言, 11："Boullée… pone la questione del carattere e del tema come questione decisiva; pone cioè una scelta che sta prima del progetto architettonico e nel far questo pone in primo piano…l'aspetto tipologico dell'architettura." 以及, 同篇序言, 18:"Per B. mettere dell'carattere in un'opera significa usare tutti i mezzi propri per non farci provare altre sensazioni oltre quelle intrinsiche del soggetto… il carattere constituisce la parte evocativa, emozionale." 关于建筑类型学对于罗西的重要性, 参见 J. Silvetti,"On Realism in Architecture,"*The Harvard Architectural Review*, 1, 1980, 11-31。

——

7. "Temple de la mort! Votre aspect doit glacer nos coeure."H. Rosenau, ed., *Boul- lée's Treatise on Architecture*, London, 1953, 80。布雷著作的英文版已经出版：H. Rosenau, *Boullée and Visionary Architec- ture ,including Boullée's 'Architecture, Essay on Art,'* London and New York, 1976。罗西为布雷作的序言, 18。

SAC

﹡2 阿尔多·罗西，摩德纳墓地，最终方案，1976 年，带有已有墓地的总平面图（F.Moschini,ed., *Aldo Rossi, Progetti e disegni 1962-1979/Aldo Rossi,Projects and drawings 1962-1979*,New York, 1979, tav.45）。

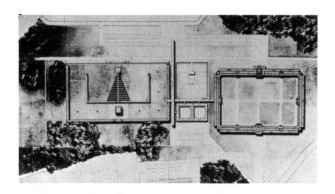

﹡3 阿尔多·罗西，摩德纳墓地，最终方案，1976 年，从北侧拍摄的模型照片（Alyce Kaprow）。

篇序言中，罗西引用了路易·哈特库勒（Louis Hautecoeur）的话：“布雷懂得存在着一种更高级的隐喻，它能唤起情感，并创造出波德莱尔所谓的相似性（correspondence）。”[8] 这里要探究的是，这种相似性的品质是通过类比的方式创造出来的，类比存在于罗西的设计与其他的建筑之间；同时还将固定的建筑类型与拟人化的形象以出乎预料的方式结合。[9] 罗西对建筑类型的使用有赖于他对建筑历史知识的广博了解。他宣称建筑师应该能够“清

---

8. 罗西为布雷作的序言，9：”B. comprende che esiste un grado superiore della metafora, una possibilitità di provocare delle emozioni e di creare ciò che Baudelaire chiamerà delle *correspondances*.”

---

9. 关于这种出乎意料的结合方式，罗西已经若干次表明了自己的态度。例如，在葡萄牙语版的 *L' architettura della città*, Rossi, *Scritti scelti*, 451 的序言中提出：”I' ipotesi di una teoria della progettazione architettonica dove gli elementi sono prefissati,formalmente definite,ma dove il significato che scaturisce al termine dell' operazion è il senso autentico, imprevisto, originale della ricerca. Esso è un progetto.” 关于罗西的建筑原则的广泛讨论，参见 R. Moneo, ”Aldo Rossi: The Idea of Architecture and the Modena Cemetery,”*Oppositions*, 5, 1976, 1-30。还有一篇专门讨论罗西早期工作的文章，非常有趣：E. Bonfanti,”Elementi e costruzione，Note sull'architettura di Aldo Rossi,”*Controspazio*, 10, October 1970, 19-42。

晰分辨出我们设计的建筑是从哪个历史建筑中演化出来的。"[10]因此，这里我们的任务就是研究罗西的墓地是从哪个建筑转化而来，并说明这些设计源泉的知识如何帮助我们理解其意义。

作为整体的设计

罗西 1971 年设计的墓地*1包含在一个 320米 ×175 米的长方形区域内，四周被两层高的建筑包围。较短的南北轴线上由南至北排列的分别是一座立方体建筑、一座 U 形建筑、成梯状的三角形和一个截掉顶端的圆锥体*2。这个项目还包括位于开放的葬场下面的长约 2 500 米的地下通道，地下通道围绕中心的几幢建筑设置。1976 年的方案中，这条成为众矢之的的地下通道被取消了，周边的建筑增加到三层，以为葬场提供更多的空间*3。同时，北面的墙体被移到与东面的墙平行的位置，在这里它起到了联系新老墓地的作用，并成为设置在外面的新停车场到墓地的南北入口的通道。现在罗西的墓地方案北面以数排台阶作为限定。葬礼在每座建筑中以不同方式举行，除了台阶，其他地方都栽以树木。

很明显，罗西主动忽略掉基地的形状。他复制了科斯塔设计的墓地和耶稣墓地的矩形围墙。相反，竞赛中其他人选方案都以现代主义的不对称手法将建筑铺满整个基地。通过采纳老的墓地类型，罗西断然将他自己的设计限定在某种传统的框架内，并指出："这个墓地的设计方案与每个人心中的墓地

＊4 Carlo Barabino 和 G.A.Resasco，斯塔列诺墓地，热那亚，设计于 1835 年之前，修建于 1844-1861年，鸟瞰图（Alinari）。

SAC

—

10. A. Rossi, "Architettura per i musei,"*Scritti scelti*, 332："…formulare con chiarezza da architettura nasce la nostra architettura," 参 见 Bonfanti, "Elementi e costruzione,"19。

—

11. Rossi, "The Blue of the Sky,"31。Modena, *Concorso*："questo cimitero non si discosta dall'idea di cimitero che ognuno possiede."

—

12. 热亚那墓地由 Carlo Barabino 设计，他死于 1835 年，1844 年至 1861 年建造中的改动由他的学生 G. A. Resasco 完成。参见 C. V. Meeks, *Italian Architecture, 1750-1914*, New Haven and London, 1966, 190。对于罗西来说，摩德纳、布雷西亚、穆索科和热那亚的新古典式公墓仍然具有意义，"The Blue of the Sky,"32。

*5 阿尔多·罗西, 摩德纳墓地, 1973 年, 圆锥体、立方体与三角形, 草图（Williams College Museum of Art）。

然而，罗西设计的墓地中，中间位置的复杂建筑组合并未在 19 世纪的摩德纳和热亚那的墓地里找到。这种思想另有源头，即皮拉内西绘制的马尔斯广场。他的设想是，

—

13. 对于意大利公墓法律和建造实践的一次卓越的调查，收录在 R.Fabbrichesi,"Cimitero," *Enciclopedia Italiana*, x, 251-255。

—

14. G. B. Piranesi, *Il Campo Mazio dell'Antica Roma*, Rome, 1762, v-x。关于皮拉内西的书籍的讨论，参见 L. Musso, "Il Campo Marzio," in Rome, Istituto Nazionale per la Grafica,*Piranesi nei luoghi di Piranesi*,*Orti Farnesiani*, Rome, 1979,17-41。关于皮拉内西的罗马，罗西在 "L'architettura della ragione" (*Scritti sclti*, 372) 中写道："[La] concezione dell'arte come pura speculazione sul figurare, come ricerca sulle forme esisteni dell'architettura apre una delle strade più importanti dell'arte moderna. Anche qui la combinazione di oggetti, di forme, di materiale della architettura è intesa a creare una realtà potenziale di sviluppi imprevisti, a far balenare soluzioni diverse, a costruire il reale."以及："i monumenti romani [of Piranesi] sono un materiale con cui si inventa la città e l'architettura." (同上, 373)。
在 1970 年举办的（参见注释 15）讨论 Bernardo Vittone 的会议上（罗西有参与），塔夫里展示了他对皮拉内西的一项研究 (M. Tafuri , "Giovan Battista Piranesi : L' architettura come 'utopia negativa'," *Bernardo Vittone*, 265-319)。在这篇论文中，罗西大概对皮拉内西的 Campo Marzio 的重大意义有所认知。

形象相一致。"[11]

19 世纪科斯塔设计的类型就如热亚那的著名墓地*4[12]一样，主入口放在长边的正中，一座集中式的教堂坐落在与它相对的墙的中间。这座教堂是 "名人堂" (famedio)，或城市里杰出公民的墓位。略有不同的是，在热亚那和摩德纳，"名人堂" 隐含着人们对罗马万神庙的回忆。包围墓地的简朴柱廊作为陪衬物，陈列着气质非凡的古代雕塑。这些展出是受贵族和上层中产阶级 (alta borghesia) 的委托，至少从罗西的马克思主义观点来看，对墓地感兴趣的阶层正被发展起来为墓地服务。富人的葬礼在柱廊中举行，中间开敞的用地用于穷人的安葬。由于中间的用地很有限，穷人的尸骨可能在 10 年后被挖掘出来，把位置让给新的死者。他们的尸骨被安排到公共墓地作为最终的安息地。[13]在摩德纳的墓地里，公共墓地位于圆锥体的下面*5，我们在后面将再次讲到这点。

* 6 乔凡尼·巴蒂斯塔·皮拉内西，哈德良墓，罗马，重现后的平面，细节（G.B.Piranesi, *Il Campo Marzio dell' Antica Roma*, Roma, 1762, v-x）。

这个广场建于罗马帝国晚期。[14] 在皮拉内西绘制的罗马地图上，台伯河右岸的大部分被一组墓葬纪念建筑所占据，这组建筑以哈德良墓[*6]为主导，就是我们现在所知的圣安杰烈城堡。哈德良的墓坐落在河边的一个方形基座上，方形基座的后面是一组 U 形的建筑群，被称为"陵墓"（Sepulchra）。它们围住一座被称为"拱廊"（Clitoporticus）的扇形建筑底边，在扇形的顶端坐落着一座被称为"巴西利卡"（Basilica）的圆形建筑，它后来形成了名为"哈德良陵寝"（Bustum Hadriani）的纪念建筑群的一部分，标志出火葬场的所在。皮拉内西与罗西在总体布局上的相似性如此明显，这不能说是偶然。对皮拉内西有深入了解的罗西将皮拉内西关于帝国古老的亡者之城的描绘移植到罗马的历史文脉中，并将它放置在 19 世纪的墓地平面内（部分碎片出现在图 25 罗西绘制的"模拟城市"中，年轻人左手上方的位置）。

墓地南面的主入口在 1976 年的方案中被保留了下来，由很多铁栅栏的竖条组成[*7]。罗西对作为一种建筑类型的监狱深感兴趣，[15] 他用这样的大门使他的墓地看起来像一个无法逃脱的地方。在摩德纳设计中，尤其在第一个方案里，另一种"陷阱"建筑形式——迷宫的概念击败了监狱的想法。冯·埃尔拉赫（Johann Bernhard Fischer von Erlach）在他 1725 年出版的《历史建筑纲要》（Entwürf einer historischen Architektur）一书中再现了克里特岛的迷宫，它由两层高的光秃秃的墙体围合成矩形区域，在墙上间断地挖出方形窗和矩形门洞[*8]。墙被三角形屋顶覆盖。[16] 围合的中间，就是迷宫，同样是光秃秃的建筑。很明显，罗西 1972 年设计的被称为"迷宫"的职业学校[*9]就源自冯·埃尔拉赫的迷宫，那是一项基于摩德纳项目的设计。罗西最初的平面在开敞的葬场下设置了几条地下通道；整个通道内都是漆黑的，辨不清方向，它们可能使任何来访者都摸不着头脑。冯·埃尔拉赫指出，根据普鲁塔克（Plutarch，希腊历史学家），克里特岛的迷宫是用作监狱的，[17] 这种意义的双重性看来已经被罗西吸收到摩德纳的设计中去了。关于 1971 年方案中的地下通道，布雷在他关于墓葬建筑的专题论

—

15. K. Frampton, *Modern Architecture. A Critical History*, New York and Toronto, 1980, 290. 文中坚定地强调了罗西对于公共建筑——学校、医院、监狱——的执着。罗西在他的论文中指出的这些类型，参见 "L' architettura del illuminismo," *Bernardo Vittone e la disputà fra classicismo e barocco nel settecento*, Turin, 1972, 224；该文重印于 Rossi, *Scritti scelti*, 454-473。

—

16. J. B. Fischer von Erlach , *Entwürf einer historischen Architectur* , 2nd ed., Leipzig , 1725, 1, xvii. P. Eisenman, "The House of the Dead as the City of Survival," *Aldo Rossi in America* , 11, 提出 "Fischer von Erlach's Cemetery" 是罗西在设计中引入的某一来源，这一点没有得到进一步的澄清。

—

17. Fischer von Erlach, *Entwürf*, 1, xvii。

SAC

＊7 阿尔多·罗西,摩德纳墓地,
1971年,竞赛方案,中央建筑的
鸟瞰 (Modena, *Concorso*)。

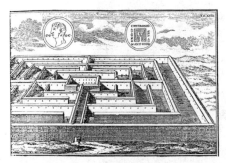

＊8 冯·埃尔拉赫,克里特岛迷宫,
重 现 (J.B.Fischer von Erlach, *Ent-würf einer historischen Architectur*, 2nd ed., Leipzig, 1725, I, xvii)。

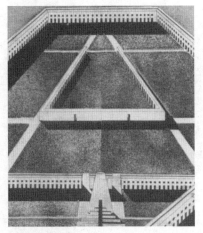

＊9 阿尔多·罗西,迷宫,1972年,
拼贴 (Moschini, *Aldo Rossi*, tav.2)。

SAC

文中有类似的描述。布雷写下了相关"隐藏的建筑"(architecture ensevelie) 的可能性,一座掩埋在地下的建筑物,这种特征尤其适

—

18. Rosenau, *Boullée's Treatise*, 80。1971年的摩德纳墓地方案将布雷的这一想法转化为夸张的长度与深度。2 500米长的地下通道几乎得不到自然采光,甚至低于当地的地下水位线。参见 Gresleri, "Le ossa," 40。出于功能原因,这些埋在地下的走廊在1976年的版本中被去除。最令人动容的"隐藏的建筑"现代案例位于罗马城外的 Fosse Ardeatine, 1944年3月24日335个意大利人被德军屠杀于此。1949年,设计师 Aprile、Calacaprina、Cardelli、Fiorentino 以 及 Perugini 将335个分开的坟墓放置于一个低于地面的洞穴中,并用一块巨大的钢筋混凝土板覆盖它们,钢筋混凝土板正好处于外界地面高度的上方,就像一个正要关闭的石棺盖板。

*10 阿道夫·路斯，圣米歇尔广场上的建筑，维也纳，1910年，外观（H. Kulka, *Adolf Loos*, Vienna, 1931, Abb.44）。

*11 阿尔多·罗西，居住单元，加拉拉特西，米兰，1970年，立面图（Moschini, *Aldo Rossi*, tav.36）。

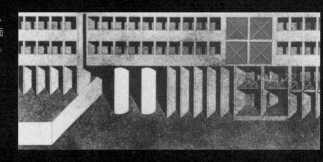

*12 阿尔多·罗西，战士纪念碑，斯格拉特，1965年，透视图（Moschini, *Aldo Rossi*, tav.27）。

合墓地。[18]

围合的墙

罗西说过他的墓地就是一座亡者之城。[19] 建筑物极端朴素的表皮*2告诉我们这是一座现代城市，它的居民不需要害怕装饰的罪恶。将它与路斯1908年写的文章《装饰与罪恶》联系起来是不为过的，[20] 因为路斯对罗西的影响几乎与布雷对他的影响一样深刻。摩德纳墓地的建筑因其毫无装饰的墙体使人回想起路斯于1910年在维也纳圣米歇尔广场的建筑*10，罗西在他1959年写的关于路斯的文章中说到这幢建筑具有"超凡的、经典的现代气质。"[21]

如果将罗西的摩德纳墓地的墙体与他建于米兰、1970年完工的加拉拉特西公寓大楼*11相比，[22] 或者与他后来在赛图巴尔和柏林设计的居住建筑相比，[23] 我们可以看到，在摩德纳，罗西用成组的住宅将墓地围合起来。对于罗西来说，每种建筑都有一个原型，他重复使用它，将它适当变形以适应每项任务和项目的特殊性。显然，罗西居住建筑的原型相关于路斯位于圣米歇尔广场的住宅大楼，同时，它也受益于柯布西耶的住宅单元。

但是，不同于柯布西耶的单元集合体和罗西自己的居住方案，摩德纳墙屋是被三角形的屋顶所覆盖*2。在罗西手中，这种形式特指伊特鲁里亚坟墓上的坡屋顶；在摩德纳方案的描述中罗西提到，他以房屋的形式来呈现坟墓。[24] 事实上，罗西曾在他1965年设计的斯格拉特（Segrate）战士纪念碑中用坡

屋顶作为石棺的顶盖*12。[25] 这样，在摩德纳，他那带坡屋顶的居住单元变成了死者的居所。

当然，让人困惑的是罗西能将生人的住

—

19. Rossi, Modena, *Concorso*: "···L'insieme di questi edific [of the cemetery complex] si configura come una città; nella città il rapporto privato con la morte torna ad essere rapporto civile con l'istituzione."

—

20. 路斯的文章已经被翻译成英文。L. Münz and G. Künstler, *Adolf Loos, Pioneer of Modern Architecture*, New York and Washington, 1966, 226-231。

—

21. A. Rossi, "Adolf Loos, 1870-1933," *Casabella-continuità*, 233, 1959, 5-12；重印于Rossi, *Scritti scelti*, 78-106。

—

22. A.Rossi , "Due progetti ," *Lotus*, 7,1970,62-85； 重 印 于 Rossi, *Scritti scelti*, 434-442。

—

23. 在此书中有图示说明：Moschini, *Aldo Rossi* , pls. 75 and 86。

—

24. Modena , *Concorso* : "···le urna a forma di casa degli etruschi , e la tomba del fornaio , esprimono il rapporto storico tra la casa deserta e il lavoro abbandonato."

—

25. Eisenman , "The House," 14。文中引用了一些来源以说明罗西在斯格拉特战士纪念碑中运用的坡屋顶/石棺意向，但是他遗漏了伊特鲁里亚的坟墓，这无疑是最为重要的形式来源，并且罗西自己也曾有说明。

SAC

房与死人的坟墓设计得如此相似；正是这种令人困惑的相似性引发了罗西的工作中关于特征的全部问题。事实上，墓地内所有建筑的设计都满怀敬意地遵照布雷关于墓葬纪念物的章节中的某一段来进行：

> 要构思一座由光滑的、赤裸的、毫无装饰的表皮组成的纪念物，并且还包括一种浅色、有吸收能力的材料，完全没有细部，装饰由阴影的组合形成，并被更深的阴影所勾勒，这对我来说比构思任何其他事物都难。[26]

罗西的全部建筑，从住宅到初级中学都是遵照这条准则，几乎没有例外。[27]对于罗西，只有一条微妙的界线将生者与死者的建筑分开。[28]一个不需要听取意见，但另一个则无力阻止他持有意见，并在建筑中表达出来。

立方体

对罗西来说，"立方体建筑是一座被遗弃的、未完成的建筑，只有空的窗洞，没有屋顶。"[29]在另一处关于摩德纳设计的阐释中，罗西指出"伊特鲁里亚的房屋形状的坟墓和贝克（Baker）的坟墓（在罗马的马焦雷门外侧）都表达了废弃的房屋与遭遗弃的作品之间的历史联系。"[30]显然，罗西的立方体上的空洞，即使是方的，与罗马坟墓上的圆形空洞也有一定的渊源。在摩德纳，立方体在一座献给战死沙场的战士的纪念物中具有实际的功能。

立方体作为一种与战争有关的纪念建筑，很早就在罗西的作品中出现了，在1962

26. Rosenau, *Boullée's Treatise*, 83. "Il ne me paroît pas possible de concevoir rien de plus tristes qu'un monument composé par une surface plane nue et dépouillée, d'une matière absorbant la lumière, absolutement denuée de détails, et dont la decoration est formée par un tableau d'ombres, dessiné par des ombres encore plus sombres"（作者译）。

27. Rossi, Modena, *Concorso*, 写道:"La malinconia del tema non lo [il cimitero] stacca troppo dagli altri edificipubblici. Il suo ordine e la sua collocazione comprendono anche l'aspetto burocratico della morte."

28. 参见注释58中罗西对于他在特里亚斯特的学生公寓的评论。

29. Rossi, Modena, *Concorso*: "…il cubo è una casa abbandonata o incompiuta, con finestre vuote, scoperchiate."
由于它与格里尼、帕杜拉、罗马诺所做的1942年罗马南部即墨索里尼的"新城"举办的世界博览会上的劳动文化宫相似，这个立方体毫无疑问地导致一些评论家将罗西的设计视为法西斯主义式的。例如参见C. Jencks, *The Language of Post Modern Architecture*, New York, 1977, 20, 以及注释2。塔夫里在"L'architecture dans le boudoir"一文（*Oppositions*, 1974<3>: 45）里为罗西进行了辩解，但他的方式是旁逸斜出，而非直接地面对问题。将罗西的建筑称为法西斯式是荒谬的，但是在对罗西作品的综合分析中，视觉的相似性应该得到比以往更为严密的讨论。由于政治问题已摆出来，分析工作将不会轻松。

30. 参见注释24。

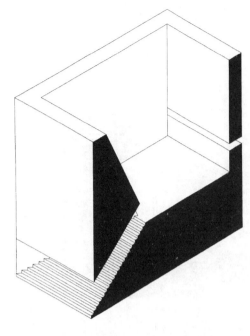

＊13 阿尔多·罗西，抵抗运动纪念馆方案，库内奥，1962 年，剖轴侧图（作者绘）。

年他为库内奥的抵抗运动纪念馆而作的极简设计中就可以看到＊13。库内奥的立方体被一组平面上呈三角形的台阶穿透，这种手法再次出现在摩德纳方案的阶梯状三角形中。这些台阶升向没有屋顶的空间，好像一种倒置的古埃及墓室，马斯塔巴（mastaba）。虽然后墙上只有一条窄长的切口，附近的山体（革命党人曾为之奋斗）还是可以看见。在一座纪念馆中如此使用立方体，罗西无疑受到由贝尔焦约索（Belgiojoso）、佩勒萨蒂（Peressutti）和罗杰斯（Ernesto N. Rogers）于 1946 年在米兰的纪念墓地中设计的"德国集中营遇难者纪念碑"（Monumento ai Morti nei Campi di Germania）内一座精细的、具有构成主义色彩的立方体＊14 的影响。在职业生涯的早期，罗西与罗杰斯交往甚密，两人曾于 1955 年到 1964 年一起在 Casabella-continuita 杂志工作。[31]

立方体被数排方窗穿透，这一手法在摩德纳墓地之前就曾在罗西的作品中出现过。在 1970 年米兰反抗运动纪念馆竞赛中，我们发现罗西将一个诸如此类的立方体放在一条散步道的起点，散步道穿过三个圆柱体，在一座钢骨架塔前终止。[32] 因为米兰的立方体是有屋顶的，所以它可能有着与摩德纳的立方体不同的含义。

—

31. Rossi，*L'architettura della città*，4th ed.，289。

32. Bonfanti，"Elementi e costruzione,"27。大尺度的建筑综合体中的不同元素按照严格的轴线来布局，在罗西 1968 年在斯坎迪奇城镇大厅方案（同上，35-36）中第一次出现：平面中我们能顺次看到一个广场，一条带有横向凸起的长走廊，以及一个圆形。Bonfanti 提到罗西对于比萨洗礼堂和大教堂的兴趣（同上，28），它在平坦的面上沿轴线布置的周全形式可能会激发罗西去创造一个相似的设计。

SAC

＊14 焦约索、佩勒萨蒂和罗杰斯，
"德国集中营的遇难者纪念碑"，米兰，
纪念墓地，1946 年（BBPR Architetti）。

＊15 汉尼斯·梅耶，中央墓地
方案，巴塞尔，1923 年，立面图
（C. Schnaidt, *Hannes Meyer*, New
York, 1965, 16）。

从这句话中我们可能可以加深对罗西的了解，而不是对梅耶和路斯。罗西于 1965 年到 1972 年为帕多瓦的玛斯里奥出版社（Marsilio Editori）编辑了一系列关于建筑和城市的书，他关注过梅耶于 1969 年出版的一组文章。[35] 梅耶是最优秀的马克思主义建筑师，当然会在建筑中引用马克思主义甚至列宁主义的原则，这强烈地吸引着罗西。巴塞尔墓地项目是梅耶早期的一项设计，之前，他已经开始吸收 20 世纪早期在荷兰、法国、德国、苏联发展起来的新建筑原则。的确，梅耶的建筑中简单的几何形式和朴素的表皮与 18 世纪晚期的新古典主义建筑有直接的关系；在一战刚结束的几年里，梅耶对这种模式情有独钟。[36] 因此对于罗西来说，梅耶的方案会使他产生强烈的共鸣，我们也应该看到，它对摩德纳设计的影响不止在某一点上。

罗西的立方体还受到一项 20 世纪初所做的项目的影响，就是 1923 年汉尼斯·梅耶（Hannes Meyer）在巴塞尔设计的中央墓地。[33] 梅耶的方案由一座圆形建筑所主导，墙上被五排同样的圆弧窗所穿透＊15。忽略它圆锥形的屋顶和柱廊门厅，建筑的立面与罗西的立方体极其相似。根据罗西所说，梅耶和路斯是"现代主义建筑时期最伟大的两个人"。[34]

33. C. Schnaidt, *Hannes Meyer, Bauten, Projekte und Schrifter / Buildings, Projects and Writings*, New York, 1965, 16。这一方案收于 Rossi , *Scritti scelti* , 506。

34. "[L]e due maggiori personalità dell'architettura moderna." Rossi , "L'architettura del illuminismo," 217。

35. H. Meyer , *Architettura e rivoluzione , Scritti 1921-1942*, ed. F. Dal Co, Padua, 1969。罗西为玛斯里奥出版社主理的这些书籍的目录收录在 Rossi, *Scritti scelti*, 514。

36. Schnaidt, *Hannes Meyer*, 21。

圆锥体

摩德纳的圆锥体有两项功能。较高处的是一个包含很多座位的阶梯状大厅，用于容纳集合起来参加仪式的人群[5]。下面是公共墓场，穷人尸骨的最后安息之地：

> 在公共墓场可以找到被遗弃的死者的骸骨……这些人来自避难所、医院、监狱，是些亡命之徒，被忘记或被压迫。因为对于死于战争的人，城市会为他们建造纪念馆。公共墓场中的圆锥形塔升起，高于其他建筑。[37]

在罗西的设计中，立方体建筑和圆锥体建筑都有意争夺焦点，为的是强调这里有两座截然不同的纪念物，一座给穷人，一座给战死的人。但是在这场争夺中穷人胜出。

圆锥体在两种墓地类型中起着关键性的联系作用，罗西用那两种类型来形成他的整个方案。它占据了场地的中心位置，这位置在皮拉内西的马尔斯广场中是"巴西利卡"[6]，而在摩德纳和热亚那的墓地中则是"名人堂"[4]。它的位置和集中式平面，使我们想起19世纪统领意大利墓地的万神庙式的教堂。的确，罗西设计的巨大的"眼"，让我们想起的正是万神庙，一座自7世纪以来就被用作基督教堂，现在又被用作安葬场所的建筑；拉斐尔和意大利的国王就躺在里面。[38]但罗西的圆锥体最明显和最接近的形式原型不是教堂，而是一座丧葬纪念建筑——布雷设计的圆锥形纪念碑[16、17]。[39]罗西甚至吸纳了布雷的剖面，在内部插入穹顶

来获得他想要的圆形排布的座位[15]。但罗西的圆锥形是给受压迫的人的纪念馆，这使他与所有的原型彻底区别开来。

圆锥形在罗西于墓地同时期进行的另两项作品中也有出现。1972年的穆贾（Muggia）市政厅项目中，一个截掉顶端的圆锥体作为支轴，其他的建筑围绕在它的周围[18]。这里，圆锥体是世俗性的，是市政府的象征，区别于柯布西耶在昌迪加尔的议会大厦。两个圆

—

37. Rossi, Modena, *Concorso*: "Nella fossa comune si trovano I resti dei morti abbandonati…, persone uscite dagli ospizi, dagli ospedali e dai carceri, esistenze disperate o dimenticate e oppresse. Come a coloro che sono morti nelle guerra, la città costruisce un monumento e questo sovrasta tutti gli altri edifici: la torre conica della fossa comune."

—

38. 罗西在"The Blue of the Sky,"第32页写道："万神庙就是坟墓。"

—

39. 埃森曼指出布雷的金字塔形纪念碑是原型，但是他的圆锥形方案明显更为接近（Eisenman ，"The House," 11）。罗西在 *Boullée*, tav. 21中介绍了这个圆锥形的方案。Gresleri 在"Le ossa", 40中将布雷的图画上下翻转以抨击罗西的方案。在 *Boullée*, tav. 52中，罗西再版了布雷的另一个圆锥形纪念碑，它要比这里引用的那个比例更纤细，更接近摩德纳墓地当中的圆锥体的实际模样。还可参见E'Sekler, "Formalism and the Polemical Use of History: Thoughts on the Recent Rediscovery of Revolutionary Classicism," *The Harvard Architectural Review*, 1, 1980, 34。

SAC

SAC

锥体都类似于现代工厂内的水塔。[40] 由于罗西试图在摩德纳的圆锥体中同时表达世俗与宗教两种功能，[41] 那么就需要在形式上表达出两种用途。

穆贾的圆锥体本来打算是白色的，摩德纳的圆锥体则是红色。摩德纳的混凝土圆锥体本来打算不粉刷[42]，在 1976 年的方案中改变了颜色，我相信是为了强调它的其中一种意义。红色是工厂的烟囱的颜色，1972 年他在法尼亚诺·奥洛纳（Fagnano Olona）设计的初级中学中，就有一个红色烟囱统治着中轴线 * 19。德·基里科（Giorgio de Chirico）1912 到 1917 年的绘画中出现了大量圆锥形塔和烟囱，在 1970 年春季米兰的德·基里科作品展上，展出了不少于九幅包含圆锥体或 / 和烟囱的作品。[43] 其中有一幅含有白色圆锥体，与罗西在穆贾设计的圆锥体非常相近，是德·基里科 1914 年创作的《哲学家的战利品》（Philosopher's Conquest）。它以 1912 年的大萧条为背景，[44] 一个红色的烟囱、一个红色的圆锥体和一个白色的圆锥体并置在画的顶端 * 20。[45] 在 1913 至 1914 年创作的《离别的痛苦》（Agony of Parting）中，一个单独的烟囱统筹全局 * 21 [46]；在 1917 年的《小工厂的形而上学的内景》（Metaphysical Interior with Small Factory）中，另一个单独的烟囱从工厂的院子升起，这位置让人想起摩德纳墓地中圆锥体的位置。[47] 罗西自己在 1971 年的方案介绍中也提到了一座废弃工厂的圆锥体烟囱。[48] 这种类似的处理肯定受到德·基里科的绘画的启示——在 1970 年德·基里科的展览之后，从罗西的作品中可以看出直接的影响。

在墓地的肌理中植入烟囱的想法显然来自火化这一现实。罗西的烟囱 / 圆锥体升起的地方，精确地对应着皮拉内西的马尔斯广场中名为"哈德良陵寝"的区块 * 6，我们会猜测这是否为罗西设计的依据。自从二战以来，与死者相联系的烟囱使人联系起纳粹集

40. Le Corbusier, *Oeuvre complète 1952-1957*, New York, 1957, 94。同样参见注释42。

41. Rossi, Modena, *Concorso*:"…in questo edificio si svolgono cerimonie…di carrattere religioso e civole."

42. Rossi, "The Blue of the Sky ," 33:"圆锥型塔……最后用水泥抹灰，这用的是工业厂房的塔的建造技术。"

43. Comune di Milano, *Giorgio de Chirico*, Milan,1970, 展览目录：7, 11, 12, 13, 14, 23, 24, 28, 31。

44. 同上, 7。

45. 同上, 14。

46. 同上, 13。

47. 同上, 31。这幅在米兰由私人收藏的画作似乎在罗西的 1976 年基耶蒂学生公寓竞赛方案中起到了重要的作用。Moschini , *Aldo Rossi* , pls. 80-81。

48. Rossi, Modena, *Concorso*:"…il cono è la ciminiera di una fabbrica deserta."

中营里恐怖的场景，而对于 1931 年出生在欧洲的犹太人罗西来说，这些集中营的记忆仿佛仍历历在目。[49] 在摩德纳墓地北面 18 公里处的摩德纳至维罗纳的铁路线上，就有在卡皮的法索尼（Fossoli di Carpi）的集中营，是 1944 年德国人建立的一处将意大利犹太人放逐到奥斯维辛的中转站。[50] 罗西用烟囱／圆锥体将压迫与破坏之意蕴含在纪念物中献给被压迫者。火化仪式在罗西的圆锥体中不会出现。

三角形和 U 形建筑

在罗西的死者之城中，柱廊设置在三角形和包围它的 U 形建筑中*2。如果说罗西的家乡艾米利亚和伦巴第地区因某种城市形态而闻名，那就是带柱廊的街道和广场。然而，罗西的柱廊是经过一位画家的眼睛过滤后的意大利北部城市景观。它们是德·基里科早期绘画中那些界定着阳光炽烈的广场的建筑。比如 1914 年的《街道的神秘与忧郁》（*The Mystery and Melancholy of a Street*）*22。对于德·基里科，罗西写道：

> 在我为帕尔玛的皮洛塔广场做的项目中，需要通过柱廊、广场、处于阴影中的建筑来理解艾米利亚一带城市中建筑之间的关系。任何对现实中建筑之间关系的研究都比不上德·基里科的绘画中所描述的精确。[51]

德·基里科的绘画中孤独含蓄的寂静以及它们的忧郁和神秘，在罗西的墓地中得到具体的表现。同时，画家对光线和阴影强有力的表现，也影响了罗西的建筑和他的很多绘画作品。比如罗西 1971 年的一幅小画，就是对摩德纳项目的德·基里科式的想象*23。他甚至吸收了德·基里科画中将人物涂黑的技巧，如《街道的神秘与忧郁》中的小女孩

—

49. Savi 发现对于摩德纳集中营以及罗西 1974 年特里亚斯特的学生公寓方案的暗指（*Aldo Rossi*,138）。他从地理角度解释这一发现："la Casa dello student a Trieste è vicina all risiera di San Saba e il cimitero di Modena al Lager di Fossoli."这一阐述也被记录于 Frampton, *Modern Architecture*, 291。

—

50. 参见 M. Michaelis, *Mussolini and the Jews: German-Italian Relations and the Jewish Question in Italy, 1922-1945*, Oxford, 1978,esp. Ch. X。

—

51. A. Rossi, "Architettura e città: passato e presente," *Werk*, 4, September 1972, 108。重印于 Rossi, *Scritti scelti*, 474-481: "…nel progetto per la Piazza della pilotta di Parma, ho cercato di capire i repporti architettonici delle città emiliane attraverso lo spazio dei portici, delle piazze dell'architettura delle ombre; queste sono le motivazione che l'architettura trae da quanto la circonda. Non esiste forse unrapporto più perciso, e architettonico, tra studio e realtà delle Piazze d'Italia di De Chirico…"

SAC

＊16 艾蒂安·路易·布雷，圆锥形
纪念碑，1780 年代，立面图（Paris,
Blibliothèque Nationale, HA5710）。

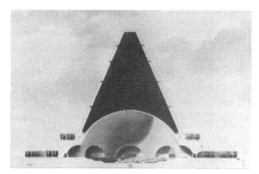

＊17 艾蒂安·路易·布雷，圆锥形
纪念碑，1780 年代，剖面图（Paris,
Blibliothèque Nationale, HA5714）。

＊18 阿尔多·罗西，市政厅项目
方案，穆贾，1972 年，绘画（Max
Protetch Gallery 提供）。

* 19 阿尔多·罗西, 初级中学,
法尼亚诺·奥洛纳, 1972年, 外观
(Moschini, *Aldo Rossi*, tav.54)。

* 20 德·基里科,《哲学家
的战利品》, 1914年, 芝加
哥艺术协会 (The Art Institute
of Chicago) 提供。

*22[52] 那些影子在罗西幽暗的墓地中移动。这是一座颇为超现实的亡者之城。[53]

摩德纳的三角形由城市居住大楼组合而成，它让人想起巴西利亚的超级街区（superquadras）*24。建筑紧靠在一起，交替地将平板式的墙变为柱廊，这样，建筑之间的其他空间变成了两侧有高楼（logge）耸立的短街。罗西用这种模式来模拟城市街道的尝试，在他最复杂的一幅绘画——1976年的《相似性城市》（The Analogous City）中表现得最为清楚*25。[54] 在画面的右上角，一个年轻人手指摩德纳的三角形平面，这个平面放置在16世纪由切萨里阿诺（Cesare Cesariano）绘制的重构的"维特鲁威之城"内，与这个城市本身的街道模式并置在一起。

罗西将三角形插入文艺复兴城市的集中式布局，这与列奥那多·达芬奇描绘的一幅关于《亚特兰蒂斯抄本》（Codex Atlanticus）的小草图极其相似。[55] 这里，达芬奇设计了一个两边成锯齿状的三角形居住街区，它从城市中央集中式的广场放射开来*26。这种模式在罗西关于三角形墓地的草图中也有出现。在某种程度上，这还涉及到一座古城，它使我们想起路斯设计的圣米歇尔广场大楼与"维也纳旧城"（Alt Wien）的联系。从罗西的写作，尤其是1966年的著作《城市建筑学》（L'architettura della citta）中，我们已经知道他熟悉达芬奇的绘画，[56] 但是否了解这幅特别的草图就不太确定。

这个指着三角形的貌似很焦虑的年轻人是大卫，由伦巴第艺术家塔兹奥·达·瓦拉

52. 这一绘画也在1970年春于米兰皇宫举办的德·基里科绘画展中展出：Milano, Giorgio de Chirico, 展览目录：15。在他为展览目录所写的文章中，W. Schmied指出这幅画以某种方式引起了罗西的共鸣："Vista così, in controluce, la bambina…sembra essa stessa un'ombra, un buio profilo."（前引书，8）

53. 德·基里科和墓地的准超现实主义特性之间的关系被Moneo指出（"Idea," 18），也被其他一些人指出。

54. 这幅富含信息的画作值得我们单独分析。其中的城市地图包含了一些已有的建筑物（édifices trouvés）的平面，例如都位于罗马的西班牙大台阶和波洛米尼的圣卡罗大教堂。这些仅以平面形式出现的建筑与罗西自己方案的三维图示并置在一起。这里，罗西创造的"相似性城市"与卡纳莱托以帕拉迪奥的三个设计所作的恶作剧相似：基耶里凯蒂宫殿、里亚托大桥方案和维琴察巴西里卡（帕尔马，国家美术馆）。这幅画作为罗西"相似性城市"思想的重要来源，在下文中被讨论：A. Rossi,"L'architettura della ragione come artitettura di tendenza,"Illuminismo e architettura del 700 veneto, Castelfranco Veneto, 1969； 重印于Rossi, Scritti scelti, 370-378。这幅画在葡萄牙语版本的L'architettura della città（Lisbon, 1977）的引言中被再次提到，重印于Rossi, Scritti scelti, 443-453。这篇引言是一篇关于建筑师对于建筑和城市观点的极其简短并清晰的阐述，其后稍经修改，重印于A. Rossi, L'architettura delaa città, 4th ed., 234-246。

55. Accademia dei Lincei, Il codice atlantico di Leonardo da Vinci, ed. G. Piumate, Milan, 1894-1904, DCCXIX.

SAC

＊21 德·基里科,《离别的痛苦》,
约1913 1914年,奥尔布赖特
诺克斯艺术中心,水牛城,纽约,
当代艺术基金工作室 (Albright-
Knox Art Gallery) 提供。

＊22 德·基里科,《街道的神秘
与忧郁》,1914年 (私人收藏)。

* 23 阿尔多·罗西，摩德纳墓地，
1971 年，草图（Alyce Kaprow）。

* 24 阿尔多·罗西，摩德纳墓地，
1976 年，模型，西北视角，中央
建筑细节（Alyce Kaprow）。

＊25 阿尔多·罗西,《相似性城
市》, 1976 年, 绘 画（Moshcini,
Aldo Rossi, tav.87）。

SAC

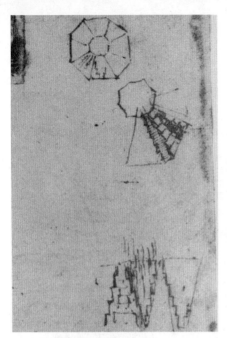

* 26 列奥那多·达芬奇，一个呈放射性布局的城市，绘画，《亚特兰蒂斯抄本》，fol. 217v，细节（Accademia dei Lincei, Il codice atlantico di Leonardo da Vinci, ed. G. Piumate, Milan, 1894-1904, DCCXIX）。

* 27 塔兹奥·达·瓦拉罗，《大卫与歌利亚》，约 1620 年，瓦拉洛美术馆，n.57（Sergio Anelli 摄，米兰 Electa Editrice 提供）。

系 * 13。一组巨大的三角形台阶，[58] 这是梅耶的巴塞尔墓地给罗西的启发 * 15。无可否认的是，梅耶的项目中，巨型台阶为了迎合山体，在平面上是有弧度的，但在方案的立面图中曲线被拉直了；本来由台阶形成的圆锥体的一部分变成了平的三角形。梅耶的台阶导向一座被圆锥顶覆盖的圆形建筑（骨灰安置所），它似乎影响了罗西的立方体建筑。

罗（Tanzio da Varallo）于 1620 年所绘 * 27。这个大卫像通常都默默无闻地挂在瓦拉洛美术馆（Pinacotheca di Varallo），但 1973 年它在米兰的"十七世纪的伦巴第"（Il seicento lombardo）展览上展出过。[57] 可能罗西在这里看过它。罗西将一个巨人的头颅从大卫的左手上移走，并重新绘制他的食指，使它指向摩德纳的三角形。大家猜测这一具讽刺意味的转变所蕴含的意义，疑惑不已。

罗西设计的三角形的城市特征，只是它的一部分意义。当街区从中央走道伸出，按着越来越短、越来越高的趋势排列时，创造了一组巨大的台阶，正如我们已经指出的，它与库里奥的立方体内的台阶有着密切的联

另一方面，在梅耶的方案中台阶和集中式建筑的关系，与罗西所绘的大量关于摩德纳的设计鸟瞰图中三角形和圆锥体的关系非常相近 * 7, 23。

罗西频繁地用较高的视点来表现三角形，使它呈现出如公元前 2650 年萨卡拉的左赛法老（Pharaoh Zoser）的阶梯状金字塔的特征，一种我们所知道的最古老的陵墓建筑。但摩德纳的金字塔不是直立的，而是倾倒的，部分沉入地下，这可能是又一次引用了布雷的

—

56. Rossi, *L'architettura delaa città*, 4th ed., 215。这里罗西讨论了达芬奇的那张多圈圆环的城市绘画。罗西也提到了达芬奇的众多集中式布局教

堂的绘画（前引书，154）。他在下文中提到了达芬奇在米兰为卢多维科·斯福尔扎所作的城市规划工作：A. Rossi, "I piani regolatori della città di Milano," *Scritti scelti*, 263。

——

57. Comune di Milano, *Il Seicento Lombardo, Catalogo dei dipinti e delle sculture*, Milan, 1973, cat. 151, tav. 175. 非常感谢拉斐尔·费尔南德斯指引我找到这幅图画。

——

58. 另一处相似大概存在于罗西的台阶和Giovanni Greppi 设计的雷迪普利亚的墓地之间。在这一方案中，存有死于第一次世界大战的十万意大利人遗体的 22 个巨大台阶随着山坡逐渐上升，延伸到奥斯塔公爵庞大的立方体石棺的底部之前。(R. Aloi, *Architettura funeraria moderna*, 2nd ed., Milan, 1948, 23.) 罗西提到了雷迪普利亚墓地与他在 1974 年特里亚斯特的学生公寓设计的关系："Il modello di questa collina [at Trieste] formata e costruita da una gradinata a terrazzo è in tutte le città che si sviluppano su livelli diversi ma soprattuto nella collina di Redipuglia che costituisce dimora e ricordo di altri giovani; a Redipuglia ogni retorica è allontanata dalla conformazione del terreno fino a confondere storia e geografia. Qui il rapporto con la salita del terreno è impostato in modo analogico rispetto a Redipuglia accettando anche il limite sottile che si stabilisce tra città dei vivi e città dei morti."(A. Rossi, "La calda vita. Concorso per una Casa dello studente a Trieste, 1974," 见：Savi, *Aldo Rossi*, 254.)

"隐藏的建筑"的思想。

为什么用一个倾倒的、部分被掩埋的金字塔？从罗西于 1970 年在都灵宣读的一篇文章中可以找到解释。这篇文章名为"启蒙运动时期的建筑"，是关于 18 世纪皮埃蒙特的建筑师贝尔纳多·维托内（Bernardo Vittone）的。罗西从梅耶的文章《苏维埃建筑师》中摘引了一段：

150 年前，法国大革命发生。在西欧，从解体的封建社会中兴起新的统治阶级——资产阶级。这次历史危机影响到建筑。其结果是对"古典主义"有了新的思考，摒弃封建贵族所喜好的巴洛克和洛可可。

将自由、博爱、平等带给所有的公民，当然还有建筑。

就在这样的转折时期，受雇于没落贵族的法国建筑师列杜（Claude Nicole Ledoux）被要求建造一座充满颓废气息的巴洛克宫殿。他毅然决定丢弃原先的贵族思想，转而积极投入资产阶级革命……他设计了"盐场"……他为私人设计的住宅平面，很多是为了他金字塔式的外形做铺垫。他称之为"山林人的住宅"*28。在这些不太大的房子的方形基座上，他罩上金字塔式的石造屋顶。在整个建筑史中，金字塔都象征着国王或祭司至上的权力，如吉萨（Gizeh）金字塔、罗马塞斯提伍斯（Cestus-Rome）金字塔、墨西哥的特奥蒂瓦坎（Teotihuacan Mexico）金字塔等。建筑师故意将金字塔形式转交给新的统治阶

* 28 克劳德·尼古拉斯·列杜，"山林人的住宅"方案，拉绍德，1773-1779 年（Claud Nicolas Ledoux, *L'architecture considerée sous le rapport de l'art*, Paris, 1804, I, 102）。

SAC

级，用它来为追求自由的革命性的资产阶级服务。真是大胆的尝试！[59]

摩德纳的金字塔部分被埋藏是因为它已经被翻转了（这是一个革命行为），归于沉默。如果说列杜将金字塔献给了资产阶级，那么罗西将它给了广大人民，这种尝试既符合自己的政治信仰，也符合他的业主摩德纳共产主义政府的政治信仰。在此，罗西回答了1942 年梅耶在《苏维埃建筑师》中提出的问题："作为民主国家的建筑师，我们应该将金字塔转交到未来社会的手里吗？"[60]

人类的遗产

罗西说摩德纳的三角形（金字塔）就像一个脊椎，因为当他第一次思考墓地方案的时候，正躺在南斯拉夫的一家医院里，从

一场车祸中恢复过来。[61] 虽然罗西以对建筑的自治性进行强迫式组织而闻名，[62] 但他毅然离开了自己的理论框架，开始寻找自传元素。[63]

一幢幢大楼依附在脊椎上，由此形成的三角形暗示出肋骨的轮廓* 1。如果回头重新研究墓地综合体中间的几幢建筑，我们会发现这些肋骨与身体的其他部分是相互关联的* 29。立方体建筑是头颅，U 形柱廊形成

---

59. H. Meyer,"The Sovit Architect," *Task*, 1942 (3), 32。罗西在这里的引用（"L'architettura del illuminismo," 217-218）并不是来自迈耶的英文版本，而是 F. 达尔·科从英文转译的意大利版本（参见注释 44）。关于迈耶对于这篇文章中所讲述的历史的曲解，参见 Sekler, "Formalism," 34-35。

---

60. Meyer, "The Soviet Architect," 32。

---

61. 罗西已经在好几处地方陈述过这一观点，例如，Modena, *Concorso*：圆锥体和立方体"sono collegati alla spina centrale degli ossari con una configurazione osteologica." 同一文章中的后面部分提及了同一个形式，他写道："Si configura così una forma analogica alla colonna vertebrale, o communque una conformazione osteologica." 同样参见 A. Rossi, "My Designs and Analogous City," *Aldo Rossi in America*, 18, 以及 A. Rossi, "The Meaning of Analogy in My Last Projects," The Cooper Union School of Architecture, *Solitary Travelers*, New York, 1980, 84。从 Savi, *Aldo Rossi*, 34-36 可知，骨骼图案早在 1969 年就出现在罗西的绘画当中。这种形式可能早

些年自斯坎迪奇项目发展而来（参见注释32），并且
在法尼亚诺·奥洛纳小学规划的初始阶段中得到了延
续。Savi 所著书 36 页上的插图是罗西在关于摩德纳
墓地的画的空白处的一个鱼骨的速写，这让我们想起
罗西最喜欢的作家欧内斯特·海明威的《老人与海》
当中的一段。同样参见该书 126，tav. 36-37，两幅
罗西于 1970 年的绘画，显示了骨骼形与周围的形式
相连接，以及在 tav.36 中，与脊柱相连的体块在靠近
一个有点圆又有点阶梯状的塔的同时，高度与长度都
在逐渐增加。因此，阶梯状体块与中央走廊相连接，
以抽象胸腔的形式来布置建筑，这些想法，在摩德纳
墓地的设计之前就出现在了罗西的作品当中。

—

62. 例如，Rossi, Modena, *Concorso*, 写道:
"L'architettura non deve fare altro che
usare I propri elementi con coerenza,
rifiutando ogni suggestione che non
nasca dal suo stesso costruirsi." 关 于
这一点，参见 Moneo, "Idea," 4f。尽管这一
坚定的声明似乎煞有其事，罗西仍觉得那些对于
他的工作的批评迫使他进入一种过于严格的模
式。在葡萄牙语版本的 *L'architettura della
città* (*Scritti scelti*, 443) 中，他写道:
"In realtà io no ho mai parlato di una
autonomia assoluta della architettura
o di una architettura an sich come
alcuni pretendono di farmi dichiarare
ma simplicemente mi sono preoccupato di
stabilire quali fossero le proposizioni
tipiche dell'archititettura."

—

63. 罗西为布雷所作的序言，18。"Non esiste
arte che non sia autobiografica." 同样参见注
释62。

* 29 阿尔多·罗西，摩德纳墓地，
1976 年，模型，西北视角（Alyce
Kaprow）。

SAC

了肩膀和手臂。[64] 在这种语境中，圆锥体成
了 25 米长的阳具，它包含的双重意义完全出
人意料：罪恶和繁衍，死和生。在圆锥体中
甚至还包含了一种意义重大的物质：公共墓
地的穷人尸骨。我们可能会大喊，这是"讽
刺行为"。但罗西想到的可不仅仅是讽刺。

　　摩德纳方案的大量手绘图中的阴影，揭示
了罗西对将来的期望。[65] 的确，阴影对于展示
罗西的墓地是如此重要，以至有时候他违背自
然规律，将阴影落在南面 * 7, 23。虽然他对阴
影的表现基于德·基里科的绘画，但在墓地中

—

64. Rossi, Modena, *Concorso*, 指出设计中类似
于手臂特征的部分："…questa spina centrale
o vertebra si dilata verso la base e le
braccia dell'ultimo corpo trasversale
tendono a richiudersi."

—

65. 对于罗西绘画中的阴影的另一种解读，参见
Eiesnman, "The House," 9。

使用阴影的想法是源自布雷。写墓葬建筑文章的时候，布雷回想起在乡村的一个晚上，他看到在月光的照射下，他的影子投在地面上。一个想法突然涌现：一座带有阴影的建筑。在这样一座建筑中，大量的物体在黑暗中脱离自身，在旁观者内心产生了极大的哀伤。[66]罗西在布雷那本书意大利译本的序言里，表达出对这种强有力的思想的敬意，并将这种想法付诸实施，而且远不仅仅是极大的哀伤。罗西写道，光的效果，就是时间的效果。[67]

在摩德纳墓地的最后一个版本中，罗西用一系列看起来像是属于体育馆的台阶代替北面的墙体*29，这种思想可能受到皮拉内西在"哈德良大墓地"（Hadrianic necropolis）*6里描绘的两个大型运动场（stadia）的启示。[68]这些台阶是罗西这个设计中特地留给活人的唯一部分。但是当观众坐在台阶上，置身于树丛中，会有怎样的戏剧开演呢？太阳在空中转动，制造时间的奇观。奇观中的舞者，是圆锥体和阶梯状金字塔的投影，是罗西那卧倒的、具有繁殖特征的巨大骨架的投影。骨架的脊椎上排列着亡者的住宅，它被头顶后面的监狱栅栏式的大门围起来。

将墓地作为时间、死亡、再生的舞台，对此，前文提及的罗西序言中有一段极富诗意的描述。

> 这座纪念馆已经超越了与历史的联系，成为地形。难道不就是创造了阴影（与此同时，它吞没了物质）的光，向我们呈现出比艺术家想呈现给我们的更加真实的建筑的面貌吗？对此，不仅因为它同时是个人

及集体的，建筑还是最重要的艺术和科学。因为它的生命周期是自然的，就像人的生命周期，但是人们留下些什么？[69]

（叶李洁 胡昊 译　胡恒 校）

—

66. Rosenau, *Boullée's Treatise*, 82。

—

67. 罗西为布雷所作的序言, 20。"B…non vede… come l'effetto della luce sia tutt'uno con quello del tempo."同样参见罗西对于斯格拉特纪念碑的评论 (Savi, *Aldo Rossi*, 178): "La piazza e il monumento costruiscono un architettura delle ombre; le ombre segnano il tempo e il passaggio delle stagioni."

—

68. 罗西被城市环境当中的竞技场所吸引。例如参见, *L'architettura della città*, 4th ed., 110-112 and ill.49-55。

69. 罗西为布雷所作的序言, 20。"Il monumento, superato il suo rapporto con la storia, diventa geografia; e la storia, diventa geografia; e la luce che crea le ombre non è forse la stessa luce che corrode la materia, dandoci un'immagine più autentica di quella che gli stessi artisti volevano offrirci? Con questo, ancora di più che per essere personale e collettiva a un tempo, l'architettura è la più importante delle arti e delle scenze; perchè il suo ciclo è naturale come il ciclo dell'uomo ma è quanto *resta* dell'uomo"（斜体字为作者注）。

评论
Review

近三十年来住房制度变迁下的中国城市住区空间演化 *

张京祥　胡毅　赵晨

1 引言

中国改革开放三十多年以来经历了巨大、深刻的制度变迁,城市发展的各个方面都被纳入改革开放的制度变化环境当中。在全球化、市场化与分权化过程的总体影响下,这种制度变迁从根本程度上改变着城市发展的动力基础、作用机制,并强烈地影响着城市空间演化的进程[1],制度力成为塑造城市空间结构的重要力量。其中最为明显的是,城市空间的经济属性日益凸显。1988年起城市土地有偿使用制度开始实施,使得土地的交换价值得以显现,土地成了市场经济条件下城市政府可资经营的、最大活化国有资产,以及获取城市建设资金回报的重要渠道[2]。土地级差地租引起了城市空间功能置换,大量的资本由制造业流向房地产业,原有的工业用地转换为房地产及各类商业用地,旧有的单位及传统社区被新的商品房社区所取代。这一系列城市空间演变隐射了制度环境变化对中国城市空间的深刻影响。

制度的基本层面包含了正式的具有权威性和强制性的政治、经济制度和非正式的制度,即文化层面的社会习惯认同[3]。在城市住区空间的演化过程中,也可以观察到这三个层面的影响。

(1)政策变迁与住区空间。城市空间资源是政府通过行政权力制定政策可以直接干预、有效组织的重要元素,行政力量依然是城市政府配置空间资源的最重要方式之一。住区空间演变也是一个以制度变迁为背景、重新配置资源的过程,其中住区空间资源的分配是问题的关键。从计划经济时期单位制住区建设,到近年来广泛出现的以政策安排为主的安置区及保障性住房建设,对城市住区空间结构的变化产生了巨大的影响。

(2)经济制度变迁与住区空间。我国从计划经济向市场经济转型的过程中,通过资本、生产要素和分配体系的相应转型,正在深刻而有力地重塑中国城市空间形态的新空间类型。与此同时,随着市场化的不断深入,受到土地有偿使用制度和住房商品化制度的影响,城市空间结构的演化呈现出越来越强的经济利益驱动性,比如在市场力的推动下,城市旧住区的更新以及城中村等的改造建设多数是市场经济选择的结果。

(3)社会结构变迁与住区空间。城市空间结构是在政治、经济、社会因素三者互相制约的综合作用下形成、演化的。在中国快速城市化的背景下,城市移民与非正规经济的大量出现,制度因素造成的社会资源分配不公和对外来人口的制度排斥,成为形成住

＊ 本文为国家自然科学基金课题(41171134)资助成果。

区空间分异、影响住区空间重构的重要方面。如何公平正义地分配空间资源，实现经济发展、社会秩序与空间匹配的有效平衡，是当前中国住区空间研究中无法回避的现实问题。

然而任何由制度变迁引起的空间变化，都包含着一个难以割舍的历史背景和传统因素。本文将根据清晰的制度变迁线索，来认识和理解中国城市发展及住区空间结构演变所具有的特定历史内涵和现实情况。

2 1978 年以来中国住房制度变迁下的城市住区空间演进

2.1 福利制度下的均质单位空间（1978—1998）

1978 年以来，中国城市住区空间的发展有一个独特的背景，那就是经济社会制度的深刻转型。转型的实质是从计划经济体制向市场经济体制全面转变，与此相适应，土地、金融、产权等与住区相关的制度也出现了重大变革，为住区空间的发展变化创造了基础制度条件。

2.1.1 住房分配从国家福利制到单位福利制

受计划经济时期的影响，我国的土地和住房基本上是归国家和集体所有，人们生活消费资料的获得主要是根据不同级别来进行分配。土地、住房既不可能作为资产为个人或家庭所拥有，也无法进行自由交易。在改革开放之前，全国城镇地区住房投资 90% 以上由各级政府解决 [4]，实行住房分配的国家福利制。

1980 年 4 月，邓小平就建筑业和住宅问题发表讲话，"允许城镇居民自建住房，还鼓励公私合营或民建公助"。此后城镇地区住房投资体制发生极大变化，由国家主要投资变为国家、单位和个人共同投资。因此进入 1990 年代，绝大多数的住房投资来自企、事业单位的自有资金，单位住房比例急剧上升，大部分住房的分配权、处置权也都属于单位，住房由国家福利制逐渐转变成为单位福利制。根据全国第一次住房普查结果，全国国家直管住宅仅占全部住宅的 24.1%，单位自管的占 58.1% [5]。单位已经逐渐成为住房所有者的主体。

2.1.2 从消费领域向生产领域转变

计划经济时期，在"重生产、轻消费，先生产、后生活"传统思想的指导下，住宅投资被列为一种纯粹耗费资源的非生产性建设投资。进行住宅建设的投资都来自中央政府和地方政府的财政拨款，实施"统一管理，统一分配，以租养房"的公有住房实物分配制度。由于住房的建设和维护成本几乎全部由国家和各单位负担，导致国家和单位负担过重，因此，一旦要压缩投资规模，住宅投资便首当其冲△1。

改革开放后，我国的经济建设得到全面发展，住房建设也不例外。由于福利分房制度导致的住房供给不足矛盾的突出，城市居民要求解决住房严重短缺问题的呼声日益高涨。邓小平在关于建筑业和住宅问题的讲话中提出，建筑和住宅业不只是由国家投资的消费领域，也可以作为国家增加收入、增加积累的一个重要产业。这扭转了将住宅建设

△ 1 1978—1998 年住宅投资占 GNP 的比重变化

年代	1953—1957	1958—1962	1963—1965	1966—1970	1971—1975	1976—1978	1978 年平均值			
比重%	1.33	0.9	0.82	0.49	0.89	0.87	1.5			
年份	1979	1980	1981	1982	1983	1984	1985	1986	1987	1988
比重%	4.23	5.95	7.5	8.39	8.79	8.24	9.14	9.28	9.36	9.09
年份	1989	1990	1991	1992	1993	1994	1995	1996	1997	1998
比重%	8.07	8.07	7.17	8.00	8.49	7.82	8.33	9.14	9.65	9.80

资料来源：《新中国六十年统计资料汇编》与《中国城市统计年鉴》与参考文献 [6] 整理

作为投资领域而非生产领域的看法。自此，一方面，国家和单位共同增加住房投资，加快住房建设步伐；另一方面开始探索住房福利制度改革的途径。

2.1.3 住宅投资增长难以满足不断膨胀的城市人口

计划经济时期，住房供应本身带有非常浓厚的福利和保障色彩，因此居民对住房的需求不由自身经济能力决定。城市人口数量的急剧增长[1]，使得人们的居住水平不但没有大幅度提高，相反，在 1978 年之前全国绝大多数城市还呈现出下降的趋势△2。政府对住宅投资多少，以及生产多少住宅，不是根据居民需求，而是根据政府财力制定的。住宅投资的长期不足，压抑了居民对住房的需求，造成全国城镇人均居住面积从解放初期的 4.5 平方米降到了 1978 年的 3.6 平方米。

1980 年邓小平提出关于房改的问题，由此开启了我国住房制度改革之路。但在 1998 年住房改革制度出台以前，中国的住房体制基本上延续了计划经济体制下的福利制特征[2]。改革开放之后，伴随着对市场化经济改革的探索，住宅投资比例得到了极大的提高，居民的住房需求得到释放，住房面积逐步

SAC

1. 城市人口增长一方面由于我国解放后家庭人口膨胀，另一方面是由于自 1969 年开始的"上山下乡"知青在 1978 年前后回城，它们共同造成城市人均住房面积不足。

2. 土地有偿使用制度虽然从 1988 年就开始实施，全国的住房商品化试点从 1980 年开始作用，但全国范围内的住房商品化改革却是直到 1998 年才开始执行。

△ 2 部分城市人均居住面积（单位：平方米）

城市	1949 年	1978 年	城市	1949 年	1978 年	城市	1949 年	1978 年	城市	1949 年	1978 年
北京	4.7	4.6	安阳	4.3	2.5	长沙	5.1	4	青岛	3.3	3.9
天津	3.8	3.3	荆州	6	4.8	昆明	4.5	3.4	重庆	3.2	3
石家庄	3.4	3.5	襄樊	4.1	3.5	西安	1.3	5.4	鞍山	5.3	2.9
太原	4.7	4	延安	1.3	5.4	西宁	8.8	3.8	常州	4.2	3.5
大同	3.8	3.1	株洲	4.3	4	济南	3.3	7.5	无锡	3	4.2
包头	7.3	3.4	广州	4.5	3.8	南昌	4.6	3.5	上海	3.8	4.5
沈阳	4.6	3.5	南宁	20.2	5.3	南京	5.5	4.5	郑州	2.2	3.1
哈尔滨	3.4	3.1	桂林	2.7	5.6	抚顺	5.2	3.1	北海	5.3	5.1

资料来源：《新中国城市五十年》

△ 3 1978—1998 年全国人均住房面积变化（单位：平方米）

年份	1949	1978	1979	1980	1981	1982	1983	1984	1985	1986	1987
人均住房面积	4.5	3.6	3.7	3.9	4.1	4.4	4.6	4.9	5.2	6.0	6.1
年份	1988	1989	1990	1991	1992	1993	1994	1995	1996	1997	1998
人均住房面积	6.3	6.6	6.7	6.9	7.1	7.5	7.8	8.1	8.5	8.8	9.3

资料来源：《新中国六十年统计资料汇编》

提高△3。但是 1978 年到 1998 年为我国城镇化进入相对快速发展的时期，城镇化水平从 17.9% 增长到 33.4%，城市平均每年新增人口 1 200 万 *1。与不断膨胀的城市人口相比，单纯靠单位制福利分配的住房制度难以满足人民日益增长的需求，由此推进了 1998 年全国范围内住房商品化改革制度的实施。

2.1.4 以单位社区为基本单元的住区空间特征　1998 年之前，全国范围内基本上不存在住房市场，政府生产代替了私人生产，政府

222

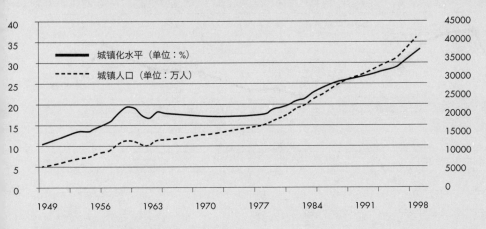

*1 1949—1998 年全国城镇化
水平变化

SAC

消费偏好代替了个人消费偏好,计划代替了
市场。单位福利制分配,尽管住房最后通过
单位分配到个人,但是出于意识形态对平等
的强调,以及住宅建设大都来自政府和单位
的共同投资,使得单位之间的住房差异受到
政府的遏制,各单位职工的住房状况差异并
不大,形成了以单位社区为特征的居住空间,
几乎每个单位都自成系统,有自己的福利和
较为全面的配套设施,公园、俱乐部、活动中
心、医院、学校等均以单位社区为基本单元进
行配置。住区空间分异并不体现在地点和公
共配套的不同上,而主要体现在单位社区内
部,由于职务、工龄甚至政治身份不同而形成
的住房内部空间大小和格局的差异。

从住区的内部空间来看,单位筹建的住
宅功能结构大多并不完整,甚至还有一种极
端简化的居住形态——筒子楼的大量存在。
"家"在当时仅仅是睡觉休息的场所,其所
附带的功能需求并不多,住宅功能被简化了。

然而传统住房分配体制是在特定的历史
条件下形成的,不可否认地发挥过积极作用:
一是新中国成立初期百废待兴之际,在低投
入和低消费层次上,较为公平地解决了城市
居民的住房问题;二是保证了工业生产建设
领域中工业化战略的实施 [7]。

2.2 全面市场化造成住区分异(1998—2003)

住房制度全面市场化在制度层面有两个重要
的标志性事件:一是 1988 年对城市土地有
偿使用制度的正式确立,地价因素开始发挥
对城市空间组织的作用,城市土地使用权可
以出租、转让,逐步形成了土地市场,建构
在土地之上的住房空间的商品化属性逐渐显
现;二是 1998 年住房分配货币化改革。这
一针对住房分配制度的改革措施,终止了我
国单位制福利分配的制度,自此住房市场化
改革全面展开。

2.2.1 住房商品化改革:实行住房分配货币化
事实上,自 1980 年代初开始,我国已

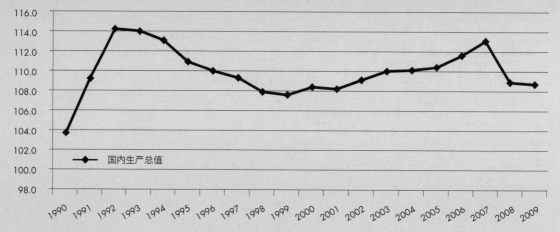

＊2 1998 年前后国内生产总值
指数变化

经开始探寻将住房作为商品出售的制度改革措施[3]。1990 年代末，全国范围内的住房制度改革呼之欲出。而此时亚洲金融危机爆发，我国经济受到了严重影响＊2：贸易出口增幅从 1997 年的 20% 跌至 0.5%；国内工业产能过剩，有效需求不足，并与大批工人下岗等问题交织叠加。通过扩大内需保证经济增长，成为国家发展的突破口。在当时，房地产业被认为是国民经济新的增长点，由此促进了住房分配的货币化改革。1998 年，国务院全面停止了住房实物分配，实行住房分配货币化，"加快住房建设，促进住宅产业成为新的经济增长点"[4] 被明确为住房制度改革的主要内容。

面向社会的住房改革主要内容包括：①停止住房实物分配，实行住房分配货币化；②出售公租房，减轻政府和单位负担；③建立住房金融体制，明确所有商业银行在所有城镇均可发放个人住房贷款；④供应体制改革，对不同收入家庭实行廉租房、经济适用房和商品房的供给制度。

在这一过程中，单位尤其是国有企业被

视为改革的重点，成为首当其冲的实践主体。其改革的具体内容包含了公房出售、建立住房公积金和住房管理社会化等。住房被国家从集中化和垄断化的体制中释放出来，在属性上发生了根本变化，即从过去的住房为国家和单位所有转变成为个人所有。在新的住房体制下，住房成为一般消费品，用市场化和社会化的方式由人们自由选择。通过市场调节，增加住房供给量来满足人们不断增长的居住需求，并充分发挥市场在住房资源配置中的作用。

2.2.2 封闭型的单位社区演变为混合型的综合社区　由于房屋可作为商品进行出售，原

—

3. 其一，到 1985 年年底，全国共有 160 个城市和 300 个县镇实行了补贴售房，共出售住房 1 093 万平方米。其二，开始在深圳特区尝试商品房出售，1981 年第一个商品房小区——东湖丽苑建成销售。资料来源：杨继瑞. 中国经济改革 30 年——房地产卷 [M]. 成都：西南财经大学出版社，2008 年。

—

4. 国发 [1998]23 号文件《关于进一步深化城镇住房制度改革加快住房建设的通知》。

224

有的单位社区逐渐瓦解。通过出租或出售住房，一部分职工迁出了原先的单位社区，新的非本单位的人员迁入，使得社区居民构成复杂化，也使传统的单位社区从静态、封闭的格局走向混合、杂化的状态。衰退的单位社区主要成为没有购买商品房能力的原单位职工和外来人口的居住地。

2.2.3 土地区位价值引起住区空间重构 土地使用制度改革使城市得以利用市场化原则提高土地的经济效益，使城市内部土地开始按地价高低进行功能置换，推动了城市内部空间结构的合理化调整。但是由于住房的实物分配制度，使得本身在城市中心拥有住宅的居民除非得到原有单位的房屋分配，否则大多数依旧居住在原有住房中。从1998年住房分配货币化制度的实施开始，单位在住房分配中的作用基本停止，中心商业区空间开始增长，原来占据地理位置好、交通便利地带的居住用地，在市场机制的作用下，逐渐被出价更高的商业服务用地替换。中高档住宅和低档住宅的区位开始分化，从而引起城市住区空间结构重构。

2.2.4 多元制度因素加强了住区空间分异 在将市场机制引入住房分配体制之后，人们选择住房将更加受到收入的直接影响。收入差距和职业地位逐渐取代单位，成为造成城市住区空间分异的显著因素。而新的制度因素作用于1990年代各城市的旧城改造、城市更新建设，亦加剧了这一分异过程。

（1）"双轨制"造成的分异。土地有偿使用改革在推进土地市场化的同时，保留了行政划拨的配置方式，住房制度改革也提出"在符合城市总体规划和坚持节约用地的前提下，可以继续发展集资建房和合作建房"。这一政策松口，酿就了数量庞大的"准福利房"。但是可以集资建房与合作建房的往往是国有企业单位，因此形成了体制内的人依然享有单位制分房的福利，体制外的人则完全根据市场化的标准购买商品房的分异。

（2）户籍制度造成的分异。户籍制度再一次完全排斥了外来人口的各项权利。在就业领域，迫于城市人口失业的压力，地方政府出台的各项政策更是加剧了对外来人口的排斥[5]。在市场化影响下，收入作为住房分异的重要因素，这些歧视性政策大大缩小了外来打工者的就业范围，也限制了外来人口职业地位和收入的提升。在住房方面，除了在市场上购买价格不菲的商品房，或在市场上租赁住房之外，他们不能获得任何其他住房类型和各种优惠。而这一时期建设的少量廉租房和经济适用房，保障对象多限定在具有城镇户口的低保户、优抚家庭中的住房困难户[8]。在收入和住房制度的双重影响下，外来人口的居住条件普遍较差，住房自有率很低。

---

5. 以北京市为例，从1996年起北京市劳动局每年发布公告，公布限制使用外地劳动力的行业、工种。这些受到限制的行业和工种从1996年的15个，增加到1997年的34个和1998年的36个，以至2000年的134个。

资料来源：杨云彦、蔡防等. 城市就业与劳动力市场转型. 中国统计出版社，2004：153.

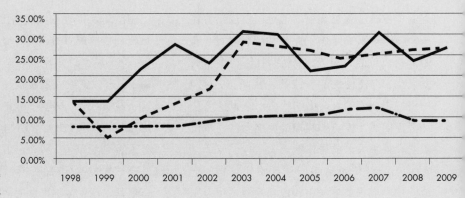

房地产投资增长率

固定资产投资增长率

GDP 增长率

＊3 全国房地产投资及固定资产投资增长与 GDP 增长比较（资料来源：《中国房地产统计年鉴》）

SAC

2.3 住房市场化和保障制度并重（2003 年至今）

2.3.1 市场对住房市场的调控失灵　住房商品化制度实施以来，市场化的住房制度改革为提高居民的居住水平起到了积极的作用。以住宅为主的房地产市场不断发展，从 1998 年到 2009 年，全社会固定资产投资增长率、房地产开发投资增长率均高于 GDP 增长率＊3，奠定了房地产国民经济支柱产业的地位，对带动经济增长和提高人民生活水平发挥了重要作用。然而，在取得制度改革成绩的同时，过度的市场化也导致了一些问题。

地方政府过于依赖"经营城市"的贡献，经营土地成为投资增长和财政收入增加的重要法码。通过"造城运动"，不断扩大城市更新和旧区拆迁改造规模，包括征用农地用于大规模的房地产开发建设等现象，都是过去住房

再分配体制下所不曾有的。随着巨额的投资被投放到房地产市场领域，我国住宅价格井喷式增长。从 2003 年开始至今，这一现象愈演愈烈。数据显示＊4，2003 年以来，我国住宅价格涨幅进一步增大，而这一年也成为我国住房市场政策制度发生明显转变的一年。

针对愈演愈烈的住宅价格上涨趋势，2003 年，国家发布《国务院关于促进房地产市场持续健康发展的通知》，随后出台了一系列关于稳定住房价格、调整住房供应结构以及关于中低收入家庭住房保障的通知和政策要求△4。相应地，在与住房市场相关的土地、金融等方面也实行全面的政策宏观调控。住房制度进入市场化和保障制度共同作用时期。

2.3.2 保障制度逐步清晰　住房制度改革发展至今，我国基本构建了由廉租房、经济适用房、公共租赁住房共同组成的住房保障

住宅价格
价格增长率

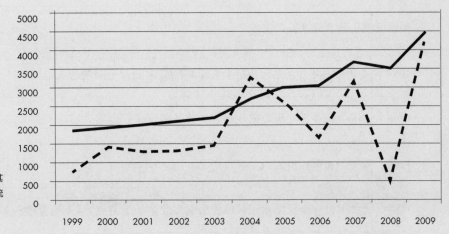

＊4 全国住宅价格增长水平及其
变化（资料来源：《中国房地产统
计年鉴》）

体系。在保障制度制定初期，由于各项标准模糊笼统，导致各地实施有很大差别，给予保障性住房建设以很大的政策操作空间。特别是经济适用房，实际上主要满足了中等偏上家庭的需要，中等偏下和低收入家庭所占比例并不高，且很大一部分经济适用住房被用作投资 [9]。保障性住房不仅没有起到对中低收入住房困难家庭的保障作用，反而占据了其应有的住房供给，加大了住房差距。

随着住房制度和建设的发展，我国保障制度不断完善△5。保障力度越来越大，覆盖人群由原有的低收入人群扩大到中低收入群体，对各级保障性住房标准进行了明确，并对保障人群的范围、资金来源、产权性质、管理办法等相关政策进行了细化，完善了住房保障制度。

SAC

3　当前保障性住房制度影响下的住区空间发展

全面的住房制度改革使我国住房逐步实现了货币化、商品化，住房分配也由再分配体制向市场体制全面转变，建立了市场化商品房与保障性住房的双重体系。国家的住房保障制度日益完善，推动了城市住区空间的发展。然而在此过程中，面对近年来住房市场失灵的现象，如房价攀升过快，投机性需求膨胀，住房供给结构失衡等问题，国家不断实施的调控战略却成效甚微，住房保障制度在空间实施层面面临着诸多新的矛盾和问题。

3.1 保障性住房开发比例失衡

住房过度市场化的调控成效不明显，很大程度上是由于我国的保障性住房制度实施不到位。从住房改革制度实施起，1998 年至 2003 年平均每年同期完成国家经济适用房计划建

1980	邓小平关于住房改革问题的讲话
1988	《土地管理法》
1993	《中共中央关于建立社会主义市场经济体制若干问题的决定》
1994	《国务院关于深化城镇住房制度改革的规定》
1996	《关于加强住房公积金管理意见》
1998	《关于进一步深化木市城镇住房制度改革若干意见》《土地管理法实施条例》
1999	《住房公积金管理条例》
2001	《城市房屋拆迁管理条例》
2003	《国务院关于促进房地产市场持续健康发展的通知》
2004	《经济适用住房管理办法》《关于已购经济适用住房上市出售有关问题的通知》
2005	《国务院办公厅关于切实稳定住房价格的通知》《关于做好稳定住房价格工作的意见》
2006	《国务院办公厅转发建设部等部门关于调整住房供应结构稳定住房价格意见的通知》
2007	《国务院关于解决城市低收家庭住房困难若干意见》《廉租住房保障办法》
2008	《经济适用住房管理办法》《关于加强廉租住房质量管理的通知》
2010	《国务院关于坚决遏制部分城市房价过快上涨的通知》
2011	《国务院办公厅关于进一步做好房地产市场调控工作的有关问题的通知》 《国有土地上房屋征收与补偿条例》

SAC

	年份	相关政策	各项标准				
			保障范围	保障方式	住房标准	资金来源	产权性质
廉租房	1999	《城市廉租住房管理办法》	常住户口的最低收入家庭	实物分配	严格控制面积	—	不拥有产权
	2003	《城镇最低收入家庭廉租住房管理办法》	住房困难的最低收入家庭	实物分配货币分配	低于当地人均住房面积的60%	财政预算支出；住房公积金增值部分；社会捐赠；其他	不拥有产权
	2007	《廉租住房保障办法》	住房困难的低收入家庭	实物分配货币分配	控制在 50 平方米以内	比 2003 年多出：土地出让收益的至少 10%；廉租房租金	不拥有产权
经济适用房	1994	《城镇经济适用住房建设管理办法》	中低收入家庭住房困难户	实物分配	按国家建设标准建设的普通住宅	地方政府用于住宅建设的资金；政策性贷款；其他	按有关规定办理房产登记
	2004	《经济适用住房管理办法》	当地城镇户口的住房困难家庭；政府确定的供应对象	实物配租；货币补贴	中套 80 平米左右，小套 60 平米左右	同上	按有关规定办理房产登记
	2007	《经济适用住房管理办法》	当地城镇户口的住房困难家庭	实物配租；货币补贴	控制在 60 平方米左右	同上	有限产权
公租房	2010	《国务院关于加快发展公共租赁住房指导意见》	中等偏下收入住房困难家庭	实物分配	严格控制在 60 平方米以下	—	不拥有产权

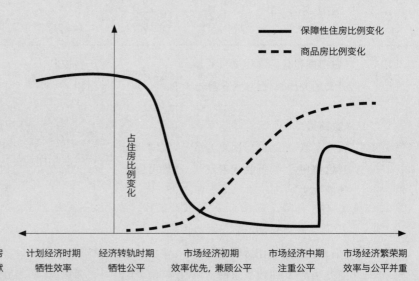

保障性住房比例变化

商品房比例变化

占住房比例变化

* 5 我国保障性住房与商品住房的供给变化曲线（根据参考文献 [11] 改绘）

| 计划经济时期
牺牲效率 | 经济转轨时期
牺牲公平 | 市场经济初期
效率优先，兼顾公平 | 市场经济中期
注重公平 | 市场经济繁荣期
效率与公平并重 |

设的比例不足一半 [9]。经济适用住房占全部商品住房建设的比例也每况愈下 * 5，经济适用房的完成投资额、开工面积和销售面积的实际规模快速下滑，到 2009 年，这三项指标只有 4.4%、5.7% 和 3.5%△6。直至 2010 年，全国"十二五"规划明确提出建设 3 600 万套保障房，其中 2011 年建设 1 000 万套，并且要求各省市签署保障房建设责任书，保证建设的实施，保障性住房才进入爆发式建设阶段，弥补了多年市场化发展的欠账。

然而在已建成的保障性住房中，其现状与中央政府当初的设计思路有较大差距。大部分中低收入群体并未享受到廉租房、经济适用房等保障性住房。以南京为例，保障性住房仅占住房供应面积的 5% [10]，而且这些保障性住房多为解决城市旧城改造和更新建设中的拆迁安置户，专门针对住房困难户的数量很少。

3.2 边缘化的保障性空间加剧了住区分异和社会隔离

国家明确保障性住区空间的土地供应方式是土地划拨。经济适用房由政府提供土地，税费减免，由开发商建造并且利润不得超过 3%；廉租房和公共租赁住房的土地和建设资金均由政府提供。在国家制定 2011 年保障性住房建设投资中，中央补贴 1 030 亿元，仅占全年保障房建设投资的 30%，地方需配套占 70%。保障房建设对于地方来说，不仅挤压了可创造巨额土地出让金的商品住宅土地出让量，还要占用土地出让收益作为资金来源，如果没有政策层面的控制，市场化的结果只能是使保障性住区空间边缘化。以南京市为例，

△ 6　经济适用房建设情况

年份	经济适用房完成投资		经济适用房开工面积		经济适用房销售面积	
	总额（亿元）	占商品住房（%）	总量（万平方米）	占商品住房（%）	总量（万平方米）	占商品住房（%）
1999	437.0	16.6	3970.4	21.1	2701.3	20.8
2002	589.0	11.3	5279.7	15.2	4003.6	16.9
2003	622.0	9.2	5330.6	12.2	4018.9	13.5
2004	606.4	6.9	4257.5	8.9	3261.8	9.6
2005	519.2	4.8	3513.4	6.4	3205.0	6.5
2006	696.8	6.0	4379.0	6.8	3337.0	6.0
2007	820.9	4.6	4810.3	6.1	3507.5	5.0
2008	970.9	4.3	5621.9	6.7	3627.3	6.1
2009	1134.1	4.4	5354.7	5.7	3058.8	3.5

资料来源：《中国房地产统计年鉴》

＊6 南京市保障性住房建设分布
图（来源：南京市规划局，《南京
市城市总体规划 2007-2020》住
房专题）

SAC

在 36 个已建和在建的保障性住区中＊6，32 个住区建设在绕城公路以外[6]。需要社会保障房屋的中低收入人群不得不迁往城市郊区，在居住空间上被边缘化。

与此同时，集中建设的保障性住房，使中低收入群体居住相对集中，造成保障性住区空间成为真正的"低收入者聚集区"，强化甚至固化了居住在此的居民角色。居民（尤其是被贴上"廉二代""贫二代"标签的青少年）对社会产生排斥情绪。政府意图解决居住问题，但在实践中却造成了新的"社会隔离"。

3.3 被保障人群的空间失配

保障性住房集中建设在偏远地区，导致中低收入居民远离就业密集区。根据对南京市几个典型住区的调查结果[7]，11.3% 的被调查者从事与服务业相关的职业，占就业人口中行

业类型的 31.8%，而由于大量城市中心在"退二进三"的产业变化中，服务业更多集聚在城市中心，所以出现了就业—居住的空间失配现象。

迁入保障性住区也对居民的工作选择产生了重要影响。总体而言，被调查的保障性社区居民在迁入后，重新就业或因迁

—

6. 绕城公路被认为是南京城区与郊区的分界线。

—

7. 调查采用问卷形式。2011 年 3 月至 8 月间，对南京市 4 个已经建成的保障性住区——西善花苑、银龙花园、尧林仙居和百水芊城——进行调查，问卷样本 400 份。由于现有的保障性住区主要用于解决拆迁安置居民，在调查中中低收入群体（人均月收入低于 1 700 元为 2009 年南京市中低收入标准）比例占 76.7%，仅有一处住房的群体比例为 87.4%，因此在迁入保障性住区前可以被认为是国家政策规定的保障人群。

232

△ 7 保障性住区被调查者家庭（主要经济来源贡献者）的就业变迁情况分析

调查保障性住区	迁入前后未换工作	因迁入而重新择业		迁入后失业	迁入前后无工作	
		农民—工作者	其他		农民—失业	其他
银龙花园	62%	1%	11%	7%	15%	4%
百水芊城	24%	5%	26%	11%	25%	9%
西善花苑	17%	15%	4%	17%	34%	13%
尧林仙居	12%	20%	15%	8%	39%	6%

注：将农民—失业归入"迁入前后无工作"的类型是由于调查中绝大多数农民在迁入前已经多年没有土地耕种，但其身份仍然是农民。

入而失业[8]的被调查者比例达29%。在迁入前，被保障人群通常居住或租住在城市中心区，或邻近就业地点，迁入后由于交通成本的增加而不得不放弃原有的工作另谋职业，但保障性住区周边往往缺少工作机会，导致居民迁入后失业。根据对南京市的调查结果，与迁入前的居住地相比，就业人群的居住—就业距离明显拉大[*7-10][9]，通勤时间和成本增加[*11,12]。就公共设施配套来讲，迁入保障性住区后，大型公共服务设施较以前普遍距离变远，空间失配现象严重，进一步加剧了社会不公平。

3.4 难以建立的邻里归属感

在调查中，保障性住区的居民来自南京市各个地区，有城市中心区迁出的居民，也有来自周边农村的当地农民，还有租住的外地人群[*13]。社区成员在观念、生活方式等方面均存在着较

大的差别。即便是在2003年已经建成的保障性住区，如银龙花园、尧林仙居，居民对邻里的熟悉程度、住区安全感、归属感与迁入保障性住区前相比仍有很大的下降[10][*14]，居民的主要往来群体为迁入前社区的邻居[*15]。这说明新的保障性住区由于社会成分较为复杂，有机的社会网络难以在短期内形成，长期生活过程中仍然难以达到满意的程度。

---

8. "就业受影响"是指因为迁入而重新择业或者失业。因迁入而造成的从农民到失业的类型被归为"迁入前后无工作"，从农民到其他就业类型归为"因迁入重新择业"。

---

9. 图7-10中仅含迁入前后未换工作及迁入后重新择业的人群。

---

10. 选择"差一些或差很多"的比例相对较高。

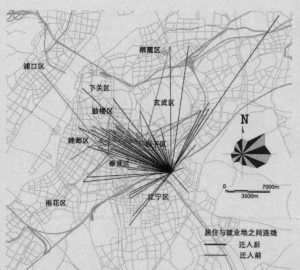

＊7 银龙花园就业人群居住—就
业空间距离变化（根据调查问卷
自绘）

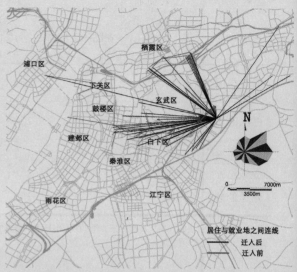

＊8 百水芊城就业人群居住—就
业空间距离变化（根据调查问卷
自绘）

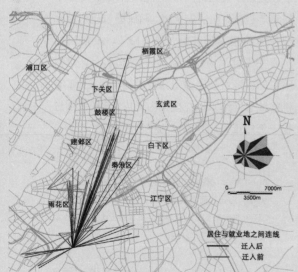

＊9 西善花苑就业人群居住—就
业空间距离变化（根据调查问卷
自绘）

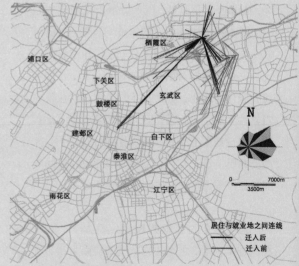

＊10 尧林仙居就业人群居住—
就业空间距离变化（根据调查问
卷自绘）

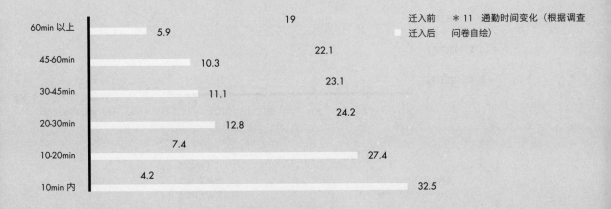

| | 迁入前 | * 11 通勤时间变化（根据调查 |
| | 迁入后 | 问卷自绘） |

60min 以上　5.9　19
45-60min　10.3　22.1
30-45min　11.1　23.1
20-30min　12.8　24.2
10-20min　7.4　27.4
10min 内　4.2　32.5

SAC

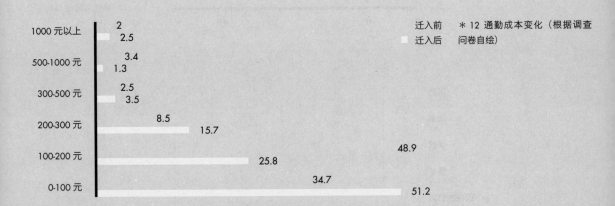

| | 迁入前 | * 12 通勤成本变化（根据调查 |
| | 迁入后 | 问卷自绘） |

1000 元以上　2　2.5
500-1000 元　3.4　1.3
300-500 元　2.5　3.5
200-300 元　8.5　15.7
100-200 元　48.9　25.8
0-100 元　34.7　51.2

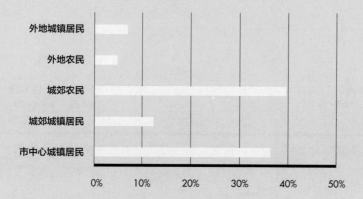

＊13 保障性住区的总体居民组
成（根据调查问卷自绘）

SAC

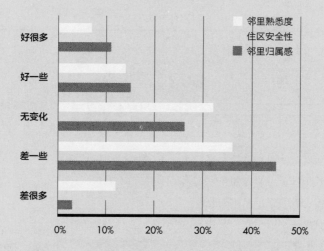

邻里熟悉度
住区安全性
邻里归属感

＊14 邻里归属感总体变化（根
据调查问卷自绘）

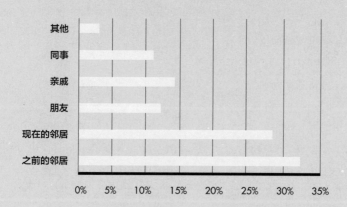

＊15 居民主要往来群体（根据
调查问卷自绘）

△ 8 我国住房制度不同阶段及相应的住区空间特征

时间段	社会经济背景	住房制度	推进主体	住区空间特征	面临的困境
1978 年以前	短缺经济,重生产轻消费,先生产后生活,保证工业战略实施	计划经济体制下统一分配,"统一管理,统一分配,以租养房"	国家	大量的棚户社区,居住水平低下,只满足最基本的居住	国家承担了大量的棚户改造,负担过重,住房投资减少,无法承担改善型住区建设
1978 年—1998 年	改革开放,住宅建设也是生产领域	依然以实物进行分配,但已经开始探索新的住房改革道路	国家、单位和个人	均质的单位社区为城市住区的基本单元,住宅功能简化	住房建设依然难以满足居民不断提高的住房需求
1998 年—2003 年	金融危机,需要拉动内需,房地产成为支柱产业	住房商品化,分配货币化	市场	土地区位价值造成住区空间分异	住房价格高涨,居住公平缺失
2003 年至今	市场失灵,保障性住区建设实施不到位	保障制度的全面完善	市场和国家	保障性住区建设加剧了原有的住区空间分异	保障住区过度集中,保障方式单一,中低收入人群居住边缘化

SAC

4　对城市住区空间营建的思考与建言

4.1 重构保障性住房政策的综合目标

　　住房本身既有商品属性也有社会属性。作为商品，它依附于土地的区位价值；作为公共产品，它是保障人民生活和基本权利的物质资料。由于公共服务、就业机会等在城市空间上的分布的不均，中低收入者在完全市场化的环境中，本身就不具备与高收入群体相同的竞争能力，这使得市中心的商品化空间建设成为"迁贫引富"的过程。市场化的选择使得保障性住房边缘化，公共服务的滞后和缺失加剧了中低收入群体的边缘化特征。

　　因此住房保障的目标绝不仅仅是为中低收入家庭提供多少平方米的物质空间，而是要保证他们公平地享受居住权利，打破由于市场化选择造成的对低收入群体的"居住排斥"。除住房空间建设外，住房资金补贴、相应的公共政策和公共服务支持也应成为保障性政策的重要部分。对已形成的中低收入居住区，应制定合理的公共住房政策，加大公共投入，提供健全的服务配套设施，如学校、公共交通、社区服务、文化娱乐活动设施等，改善居住环境。要在保障性住房供给政策中考虑对外来人口的政策松绑，弱化户籍制度的分异，确立综合的保障目标，全面发挥保障性住房的公共属性，弥补市场化分配造成的分异。

4.2 住区空间建设的混合社区与同质邻里

住区空间建设具有很强的不可逆性，对整个社会空间布局和城市空间结构形成几十年甚至更长时间的影响。许多国家的经验表明，保障性住房过度集中，就容易产生贫民窟，形成低教育水平、低就业率、高犯罪率聚集的现象。因此美国从 1973 年起，把分散低收入者住房、改善社区质量纳入公共住房政策，从为低收入群体建设住房转变为发放住房补贴；法国则出台了以混合居住为主要居住模式的城市更新计划等。

　　以此为鉴，结合我国的实际情况，既有的大规模保障性住区通过不断完善公共服务等措施，满足居民需求和融合发展。针对未来的住房空间建设，应该从规划伊始就引导混合社区建设，减少大量集中的保障性住区，将商品房项目开发与保障性住房建设结合，进行商品化和保障性住房的配比建设，为配建保障性住房的项目提供容积率奖励、贷款利率优惠和税收减免等措施，提高商业的盈利空间，激励开发商选择配建模式，实现居住社区的混合性和复合性。社区内部则可根据局部分异的方式建设同质性邻里，形成混合社区建设和同质邻里居住"大混居，小聚居"的整体住区空间模式。

4.3 公共空间的开放与共享

住房市场化和商品化程度的提高，一方面满足了不同群体对居住的需求，另一方面也使不同的居住社区趋向分异化。封闭社区越来越成为中高档住区开发的趋势。无论是精英型、生活型还是安全型的封闭社区 [12]，封闭无疑是社会排斥的暗号，用物理隔界产生更多的社会隔离。住区空间与外界隔断，强调其内部功能的完整性，也就意味着当中群体交往活动的内闭性，公共生活被圈缩在门禁的界限之内，导致与周边公共生活的削减，外部人群亦产生被隔离的心理。而政府也由于城市经营水平落后于经济发展速度，不能满足城市居民特别是中上等收入群体的需求，因而鼓励开发企业和私人管理公司在社区内进行各项集体消费服务的建设和管理，诸如公共空间、公共服务设施和公共安全设施等，加速了公共空间私密化的流行，甚至使得原本为公众所有的公共空间成为少数人享有的私人邻域。

事实上，公共空间本身就具有公共性和共享性，政府对承担公共性建设具有不可推卸的责任。地方政府热衷建设的公共空间，如大型公园、奥林匹克体育场馆等，只有对城市形象的贡献和举办大型活动的功能，对大多数居民的日常公共活动难以产生作用；以社区活动为主体的公共空间建设才是真正的公众共享空间。在已经存在的封闭社区和邻近的其他社区、保障性住区之间实施促进融合的措施，开放社区内的公共空间，如业主活动中心、体育设施中心等，并由政府主导在相邻街区共同建设此类公共空间，供附近居民共享，提高公共资源的利用效率，提高地区熟知度和邻里归属感，增强安全性。

4.4 住房建设和管理的法治化

目前，我国尚未出台任何有关住房保障的法律，各项住房建设和保障等制度仅仅依靠中央和地方政府的行政指令。美国、英国等发达国家早在 19 世纪初就制定了基本的保障住房权利和分配的法律，后期在住房发展过程中，不断通过下位法律予以补充和修正。我国各项住房建设日趋成熟，但法律措施责任尚不明确，与其说是"人治"取代法治，不如说是地方自由裁量权的扩大。比如 2011 年全国开工建设一千万套保障房，却没有法律来明确保障主体是谁，以及各自的权利和义务、享受标准、期限、受理机关、申请程序、退出机制等。单纯依靠各项国务院令和通知来指导住房建设和解决相应的住房问题，只能在短期内缓解住房矛盾，不具有宏观、长期和根本的指导性，由此也造成了地方在具体实施过程中的各类违规现象。因此，应加快住房保障立法，建立和完善住房法律体系，细化住房保障各项规定。通过法律效力，规范各类主体行为，使各方权责法制化，保证住房保障制度的实施，引导住区空间的健康发展。

5　结语

2010 年 9 月，胡锦涛在第五届亚太经合组织会议上倡导我国的经济发展应该实现"包容性增长"[11]，其中非常重要的含义之一是，改革开放以来的经济发展成果应该公平合

—

11. 亚洲发展银行对"包容性增长"的解释：倡导机会平等的增长，即贫困人口应享有平等的社会经济和政治权利，参与经济增长并做出贡献，并在分享增长成果时不会面临权利缺失、体制障碍和社会歧视。

理地惠及所有人民，本质上是要求对发展结果和社会资源进行公平合理的分配。住房是居民生活中最重要的消费品，也是可进行分配的资源，住房保障制度本身就是调节国民收入再分配的重要手段。有效利用政策法律制度和规划方法，实现我国住区空间的"包容性增长"，公平正义地保障所有居民的各项居住权利，也将是住房制度改革的方向。

SAC

参考文献

[1] 张京祥, 吴缚龙, 马润潮. 体制转型与中国城市空间重构——建立一种空间演化的制度分析框架 [J]. 城市规划, 2008, 32（6）:55-60.

[2] 陈虎, 张京祥, 朱喜钢, 崔功豪. 关于城市经营的几点再思考 [J]. 城市规划汇刊, 2002, 140（4）:38-40.

[3] 王英, 郑德高. 在可持续发展理念下英国住宅的道路选择——读《绿地、棕地和住宅开发》[J]. 国外城市规划, 2005(6): 69-72.

[4] 国家统计局国民经济综合统计司. 新中国六十年统计资料汇编 [G]. 北京:中国统计出版社, 2010.

[5] 边燕杰."单位制"与住房商品化 [J]. 社会学研究, 1996（1）:83-95.

[6] 王丽. 我国城镇住房制度的演变与住房市场走势 [J]. 石家庄经济学院学报, 2001, 24（1）:51-57.

[7] 侯淅珉. 对我国住房分配状况及其结果的再认识 [J]. 中国房地产, 1994（9）:14-17.

[8] 张汝立, 余期江. 城镇廉租住房制度的问题与成因 [J]. 新视野, 2006（4）:69-72.

[9] REICO 房地产市场报告经济适用住房政策评价. http://www.fzzx.cn.

[10] 南京市规划局. 南京市总体规划 2007-2030 住房规划专项, 2007.

[11] 刘啸, 杜静. 论住房制度改革及住房保障的发展 [J]. 工程管理学报, 2010, 24（5）:564-567.

[12] Mark Purcel. Book Reviews [J]. Urban Affairs Review, 1998（33）:725-727.

Evolution of Chinese Urban Residential Districts under the Changing Housing System in the Last 30 Years

Zhang Jingxiang, Hu Yi, Zhao Chen

1 Introduction

Through three decades of reform and opening up, China has experienced a huge and profound institutional revolution, which fundamentally changed the motivation and mechanism of urban development [1]. It strongly influenced the evolution process of urban space, meanwhile, highlighting its economic attributes. In 1988, Chinese government began to implement the paid-use land system, which makes land an important channel in market economy for government to fund civil construction [2]. The basic system includes a formal level, a political and economic one with authority, and an informal level, which is the cultural system of social identity [3]. In the evolution of urban residential districts, we can observe the impact from the following three aspects:

1) Policy changes and the residential districts. Urban space resources are an important element, which can be directly intervened and effectively organized by government with executive power in policy-making. Executive power is still one of the most important ways for city government to allocate space resources. The evolution of residential district is also a process of resources re-allocation with the background of policy changing.

2) Economic system changes and the residential districts. In the transition of the planned economy to a market economy process, with the corresponding transition of capital, factors of production and distribution system, China is profoundly and powerfully re-shaping the new type of space in urban spatial form. Driven by market forces, the regeneration of old settlements, the transition of city village or other construction is mostly the result of market economy.

3) Social structure changes and the residential districts. With the rapid urbanization in China, urban migration and informal economy are proliferating. How to allocate space resources with fairness and justice, achieving effective balance between economic development, social order and spatial allocation, is an inevitable reality we should face in the current study of Chinese residential districts.

Following the clear trail of system changing, this article will lead to awareness and understanding of specific historical content and current status, both in Chinese urban development and the evolution of spatial structure in residential districts.

SAC

SAC

2 The evolution of urban residential districts in the changing background of Chinese housing policy since 1978

2.1 The homogeneous space of danwei in welfare system (1978-1998)

Since 1978, there has been a unique background of Chinese urban residential district development, namely the profound transformation of economic and social system, the essence of which is the overall change from planned economy to market economy system. Correspondingly, big changes also occurred to land, finance, property rights and resident-related policies, creating a foundation for residential space development in institutional conditions.

2.1.1 Housing allocation changes from the "national welfare system" to the "danwei welfare system"   During the planned economy period, land and housing in China was essentially owned by the state and collective. Getting the access to living means of consumption was based on different levels to be allocated. Land and housing could neither as an asset owned by an individual or family nor be freely traded. Before the reform and opening up, more than 90% of housing investment in urban area was solved by all levels of government [4], which was the implementation of housing allocation with "national welfare system." In April 1980, Deng Xiaoping made a speech on construction and housing problems,

to "allow self-built housing for urban residents, encourage public-private partnership or people-built with public support." Since the 1990s, housing gradually transformed from the "national welfare system" into "danwei welfare system." According to the National Housing Census, the state-direct management of housing accounted for 24.1% in all housings while the danwei management occupied 58.1% [5].

2.1.2 Changes from consumption realm to production realm   In the planned economy period, due to the guidance of traditional thinking - emphasis on production rather than consumption, production comes before the living life, residential investment was classified as pure resource-consuming and non-productive. The construction and maintenance costs of housing were mostly supported by the state and enterprises, leading to a big burden on them. Therefore, once to cut the investment scale, residential investment will bear the brunt [6].

After the reform and opening up, as the result of welfare housing distribution system, the problem of insufficient housing supply got more prominent, causing the uprising demand of urban residents for solving housing shortage. On one hand, the nation and enterprises increased the housing investment together, accelerating the housing construction pace. On the other hand, they began to explore ways to reform the housing welfare system.

2.1.3 The growing housing investment was difficult to match the expansion of urban population In the planned economy period, the rapid growth of urban population not only made the living standards fail to improve significantly, but also led to a downward trend in major cities of the country before 1978. The long-term shortage of housing investment depressed the demand for housing, making the urban per capita living space decreased from 4.5 square meters in the first years after the foundation of PRC to 3.6 square meters in 1978.

After the reform and opening up, the proportion of residential investment had been greatly improved along with the exploration of market-oriented economic reform. Residents' need for housing was satisfied and the area of housing increased gradually. But owing to the ever-growing population of urbanization, the housing allocation system which purely depended on danwei welfare was still difficult to meet the growing demands, thus promoting the nationwide implementation of housing commercialization reform in 1998.

2.1.4 The space characteristics of residential districts based on "danwei community" Before 1998, housing market was basically non-existent in China, housing situation of workers in all danweis differed little, forming "danwei community" as the characteristics of living space. Almost every danwei was a system for its own benefits with all service facilities. The parks, clubs, activity centers, hospitals, schools and others were configured by "danwei community" as a basic unit. As for the inner space, the functional structures of this kind of housing were mostly incomplete, even with the existence of extremely simplified form abundantly: living-tube-shaped apartments. "Home" as a concept referred to a place to rest at that time, without too much functional requirement. Residential function of housing was simplified [7]. The traditional housing allocation system was formed in specific historical circumstances. We can't deny it had played an active role. First, at the beginning of China's foundation, it solved the urban housing problem more equitably at the low input and low consumption level. Second, it ensured the implementation of industrialization strategy in field of industrial production and construction.

2.2 Overall marketization resulted in residential segregation (1998-2003)

As for system there are two important landmark events for the overall marketization in housing system: first, the urban land paid-use system was formally established in 1988, gradually forming a land market, the commercialization property of housing space got more and more obvious; second, monetization reform in housing distribution terminated the danwei welfare distribution system in 1998, since when the housing marketization

SAC

reform began in full swing.

2.2.1 Housing commercialization reform, realizing monetization in housing distribution   When it came to the late 1990s, the comprehensive reform of housing system got ready to come out nation-wide. At the time Asian financial crisis broke up, economic growth by expanding domestic demand turned to be the national breakthrough. The real estate was considered to be a new growth point for national economy at that time, thereby contributing to the currency reform of housing distribution.

Society-oriented housing reform includes the following content: a. Stop the housing distribution and implement monetary housing system; b. Sale public-rent housing to lighten the government burdens; c. Establish housing finance system, make the commercial banks available in all cities and towns to grant housing loans; d. Reform the supply system, carrying out the one which can afford different income families with low-cost housing, affordable housing and commodity housing. In the new system, housing, as the general consumer goods, can be freely chosen by people with market-oriented and community-oriented approach.

2.2.2 The closed danwei community evolved into a mixed comprehensive community   The danwei community gradually disintegrated as housing can be sold as a commodity. Some workers moved out of these communities by renting or selling houses while some new non-member staff moved in instead, which made a complex of community residents. The situation of traditional community switched from static and closed to mixed and hybrid, the recessionary community changed into the residential district mainly for those employees who couldn't afford commercial housing and migrant population.

2.2.3 Reconstruction in residential space caused by location value of land   By reforming the land use system, the city was able to increase economic efficiency of land with market principles. It began to replacement the land within city according to the level of land price, promoting the urban inner spatial structure got rational. Space for CBD appeared growing, the original residential land, occupied good location and convenient transportation, was gradually replaced by higher-bid commercial services land, based on market mechanism framework. Medium-and-high level housing began to differentiate from the low level one in location, which led to the spatial structure reconstruction of residential district.

2.2.4 Diversity system factors strengthened the segregation of residential district   After the introduction of market mechanisms in housing distribution system, people were more directly influenced by monetary income when choosing housing, thus income gap and occupational status, instead of danwei, gradually became the significant factor in segregation of urban residential district. While new system factors also contributed to this segregation process in all cities' redevelopment and renewal construction in 1990s.

Segregation caused by dual system. The paid-use of land reform promoted land marketization, meanwhile, retaining the administrative configuration. The housing system reform also put forward "in line with urban master planning and adhere to land conservation, the city can continue developing housing with collecting money and cooperative housing." One who can collect money or cooperatively building housing always to be the state-owned enterprises, resulting in the segregation that people who met the system can still enjoy danwei's welfare housing distribution, while others should purchase real estate entirely based on market principles.

Segregation caused by household register system. Once again the rights of migrant population were completely excluded by household register system. As for housing, except for purchasing expensive real estate or rent it in the housing market, they couldn't get any other kind of benefits [8]. The migrant population, due to the dual influence of income and housing system, had generally poor living conditions, whose house ownership rate was very low.

2.3 Emphasis equally on housing marketization and affordable system (2003-)

2.3.1 Regulation for housing market by "market failure"   Since the implementation of housing commercialization system, market-oriented reform of housing system has played a positive role to improve the residents' living standards. The real estate market, predominantly housing, continued to grow. From 1998 to 2009 the social growth rate of fixed asset investment and real estate developing investment were both higher than that of GDP. However, over-marketization of housing market also led to some problems.

Local government, over-relying on contribution of "city management", made land operation an important counter for investment growth and revenue increase. With huge investment being put into real estate market, housing price in China grew spurt, which has intensified from 2003 to present. Towards the upward trend in house prices, China issued the "Notice from the State Council on Promoting Sustainable and Healthy Development of Real Estate Market" in 2003, followed by a series of notices and policy requirements on stabling housing prices, adjusting housing supply structure and affordable system for low-and-medium income family. Accordingly, a comprehensive macro-control was also implemented in housing market associated aspects, like land, financial, etc,

SAC

the housing system entered the period in which market and affordable system work together.

2.3.2 The affordable housing system gets gradually clear   The housing system reform has proceeded so far, we have basically built a affordable housing system in China, composing "low-rent housing economical housing, public rental housing" [9] .With more and more efforts, the covered population extended from the low-income group to the low-and-medium income ones, clearing all level standards for affordable housing, meanwhile, detailing the related policies like scope of secured population, sources of funding, nature of property rights, management practices, etc, which perfects the affordable housing system.

3 Development of residential district under the influence of current affordable housing system

The affordable housing system in China has increasingly improved, promoting the development of urban residential district. In this process, however, in face of the phenomena that housing market fails in recent years, such as housing prices' fast rising, speculative demand expansion, structural imbalance in the supply of housing and other issues, our country has implemented little successful control strategies, the affordable housing system is confronted with many new contradictions and problems at implementation level.

3.1 Development of affordable housing suffers imbalance.

The regulation of housing over marketization is not obviously effective, largely because the implementation of affordable housing system is not good enough. From the housing reform system was implemented, in 1998-2003, the average rate of completing the construction of affordable housing program over the same period was less than half [9]. "The 12th Five-Year Plan" clearly put forward plans to build 36 million units of affordable housing in next five years, including 10 million units to 2011. The central government required all provinces to sign responsibility letters of construction to ensure the implementation. Thus the affordable housing is undergoing an explosively construction, which makes up for the years of default from marketization development.

The status of built affordable housing is far away from the original intention of Central Government. Most low-and-medium income groups haven't enjoyed the low-rent housing, economical housing or other welfare housing. Take Nanjing for example, the affordable housing only occupies 5% of the total supplied housing[10] [11], most of which are built to address the resettlement households from the regeneration of old city, only a small number is specifically for housing needy households.

3.2 The marginalized affordable housing space exacerbates segregation and social isolation.

Construction of affordable housing, for the local government, not only competes against the sales amount of commercial residential land which can create huge land transfer payment, but also occupies the land transfer revenue as funding source. Without control from the policy level, the marketization would result in affordable housing's marginalization. The low-and-medium income groups who need affordable housing was forced to living in suburbs, speed up their marginalization in living space.

At the same time the central government focuses on the large amount of construction in affordable housing, making the low-and-medium income group live in relative concentration. It causes a real "low-income enclave" of the welfare living space, strengthening or even fixing the roles of residents. The residents generate social exclusion; especially young people are marked with "worthless generation", "poor generation". Although the government intends to solve the housing problem, it creates a new "social isolation" in practice.

3.3 The secured groups mismatch in space configuration.

Affordable housing constructed in remote areas, making low-and-medium income residents away from the employment-intensive areas, the phenomenon of living and employment spatial mismatch emerges. Moving to affordable settlement also impacts residents' work selection. Before moving in, they normally live or rent in urban central area or near the place of employment, while after moving they have to give up jobs to find new one. Due to the increase of transportation costs, the lack of job opportunities around is an important reason for that. In terms of public facilities, after moving into the affordable community, large-scale ones are usually farther away from these residents than before. Space mismatch gets more serious, further exacerbating social injustice.

3.4 It is difficult to establish a sense of neighborhood.

There is a big difference between residents of affordable community, in concepts, life styles and other aspects of life. New affordable settlement has more complex composition of residents, organic social network formation is difficult to form in the short term, and therefore people are difficult to achieve satisfaction of life in long term.

SAC

4 Thoughts and suggestions for urban residential district space construction.

4.1 Reconstructing the comprehensive objective for affordable housing policy.

The inherent properties of housing are both commercial and social. As a commodity, it is attached to the land location value, while as a public good, it is material goods to guarantee people's life and fundamental rights. The objective of housing security is not merely to afford low-and-medium income families with living space, but to ensure their enjoyment of "living right" instead of "living exclusion" against them, caused by market choice. Apart from the housing space construction, housing subsidies, the corresponding public policy and public service support should also be attached importance to in the security policy. As for those low-and-medium income communities which have formed, reasonable public housing policy should be formulated, increasing public input, providing sound services facilities and improving the living environment. We should take policy loosening for external population into account, in supply policies of security housing, to weaken segregation caused by household register system and fully display the public properties of housing market, making up segregation caused by market distribution.

4.2 Mixed communities and homogeneous neighborhood in residential district construction.

Experience from many countries shows that, over-concentration of affordable housing makes slums easily formed, leading to low levels of education, low employment rate, large crime aggregation, etc. As far as the future housing construction in China, guidance for mixed community construction should be established from the beginning planning, reducing large construction of concentrated security residential district. By combine the real estate project development and construction of affordable housing, we can achieve a mixed residential community.

4.3 Openness and sharing of public space.

With the improvement of housing marketization and commercialization, different living communities tend to segregate. These gated communities increasingly become the model for high-quality community development, whose closure is undoubtedly the signal of social exclusion. At the same time, as the operating of city can't catch up with the pace of economic development, the government encourages the developing corporations and private companies to manage in the community, which accelerating the popularity of privacy space.

In fact, the government has absolute responsibility to undertake public construction, the real public enjoyed space, in which the community activities are as priority. We should prompt integration between the existing gated communities, other neighboring and the affordable ones, open up the public space within the community, build such space in the adjacent neighborhoods led mainly by the government, improve public resource efficiency, regional familiarity and neighborhood belonging.

4.4 Housing construction and legalization of management

At present, China has not yet introduced any legislation relating to affordable housing, all housing construction and affordable system rely solely on central and local government administrative directives. Guidance, which merely based on State Council orders and notices for housing construction and corresponding problems, can ease the housing contradiction only in the short term, not macro, long-term and fundamental. Therefore, we should speed up the affordable housing legislation, establish and perfect the legal system, detail all housing provisions. By the force of law, standardize all kinds of behaviors and legalized all rights and responsibilities, ensuring the implementation of the housing security system, to offer a healthy guidance for residential district development.

5 Conclusions

At the fifth APEC meeting, September 2010, former President Hu Jintao advocated China's economic development should achieve "inclusive growth". One of the very important implications is that, the economic achievements since the reform and opening up should fairly and reasonably benefit all people, whose essence is to allocate achievements and social resources with equality and fairness. Housing is the most important consumer goods in residents' life, also a kind of resource that can be allocated, thus the housing security system itself is an important means for regulating the redistribution of national income. Make use of policies, laws, systems and planning methods effectively, we can achieve "inclusive growth" in residential district. The housing system reform, at the same time, will direct for equal rights of all residents.

SAC

SAC

Bibliography

[1] Zhang Jinxiang, Wu Fulong, Laurence JC Ma. Institutional Transition and Reconstruction of China's Urban Space: Establishing a Institutional Analysis Structure for Spatial Evolution [J].City Planning Review, 2008, 32(6): 55-60.

[2] Chen Hu, Zhang Jingxiang, Zhu Xigang, Cui Gonghao. Some Considerations on Urban Management [J].Urban Planning Forum, 2002, 140(4): 38-40.

[3] Wang Ying, Zheng Degao. A Review on "Greenfields, Brownfields and Housing Development": The Options of Housing Development in UK Based on Sustainable Development Framework [J]. Urban Planning Overseas, 2005(6): 69-72.

[4] National Economy Statics Department of National Statics Bureau. Compilation of Statistical Information in 60 Years of New China [G]. Beijing:

[5] Bian Yanjie. "Work-Unit System" and the Commodification of Housing. Sociological Research, 1996(1): 83-95.

[6] Wang Li. On the Evolvement of Our Housing System and the Orientation of Housing Market [J]. Journal of Shijiazhuang University of Economics. 2001,24(1):51-57.

[7] Hou Ximin. The Recognition of Housing Reallocation Conditions and Its Results in China. China Real Estate. 1994(9):14-17.

[8] Zhang Ruli, Yu Qijiang. Problems and Causes of Urban Low-rent Housing System. Expanding Horizons. 2006(4):69-72.

[9] REICO Real Estate Market Report: Affordable Housing Policy Evaluation. http://www.fzzx.cn.

[10] Nanjing Urban Planning Bureau. Special Subject of Housing Planning, Master Plan of Nanjing, 2007-2030. 2007.

[11] Liu Xiao, Du Jing. Discussion on Housing Reform and the Development of Housing Security [J]. Journal of Engineering Management, 2010,24(5):564-567.

[12] Mark Purcel. Book Reviews [J]. Urban Affairs Review, 1998(33): 725-727.

建筑文化研究 第7辑

专题：学科与制度

大卫·雅各布森

约翰·萨默森

夏铸九

哈德良时期的建筑
及其几何学

十五世纪的对照研究

三十年
——对台湾大学建筑与
城乡研究所的
批判性回顾与展望

《建筑文化研究》集刊是一项跨学科合作的研究计划。它以建筑与城市研究为主轴，将其他学科（历史、社会学、哲学、文学、艺术史）的相关研究吸纳进来，合并为一张新的研究版图。在这个新版图中，建筑研究将获得文化研究的身份，进入到人类学的范畴——建筑研究不再是专业者的喃喃自语，它面对的是社会的普遍价值与人类的精神领域，简而言之，它将成为一项无界的基础研究。

建筑 | 城市 | 艺术 | 批评

建筑文化研究

Studies of Architecture & Culture

投稿信箱：huhengss@163.com

第 1 辑　建构专题
中央编译出版社，2009 年

建筑学的建构哲学
寻找绿色建筑
葛饰北斋《巨浪》
景观都市化与地景策略
地形学的渗透，一种项目策略
宽容的秩序之城
建构在中国
关于《建构文化研究》的对话
建筑艺术四要素（选段）
森佩尔与风格问题

第 2 辑　威尼斯学派与城市
中央编译出版社，2010 年

威尼斯学派的城市研究
大都市
农耕理想的城市与弗兰克 · 劳埃德 · 赖特：
广亩的起源与发展
从公园到区域：
进步的意识形态与美国城市的革新
杰斐逊的灰烬
城市设计的死与生
——简 · 雅各布斯、洛克菲勒基金会及其关于城市主义的新研究，1955—1965
《考工记》，归去来兮
社会主义视野下的
资本主义城市
建筑学与城市化
——读"走向群岛形态"

第 3 辑　波利菲洛之梦
中央编译出版社，2011 年

《寻爱绮梦》五百年
《寻爱绮梦》在 17 世纪
法国的影响
《寻爱绮梦》，图像、文本和方言诗
《寻爱绮梦》中的建筑插图
《波利菲洛，或再访黑森林：
建筑学的性爱显现》导言
难解的《寻爱绮梦》及其
复合密码
亦真亦幻的作者
《寻爱绮梦》选译
"曲池"
——始由人作，终归自然
解析避居山水：
文徵明 1533 年《拙政园图册》
空间研究
营造／建筑

第 4 辑　当代史 I
中央编译出版社，2012 年

革命史 · 快感 · 现代主义
南京长江大桥
大跃进中的人民大会堂
历史"计划"
先锋派的历史性：皮拉内西和爱森斯坦
重建的时代
两次死亡之间
再论设计与社会变迁

第 5 辑　当代史 II
同济大学出版社，2013 年

中华路 26 号
国父纪念馆：王大闳对中国纪念性建筑的现代想象
消失的"理想住宅"
罗马大劫：断裂与延续
先锋派的辩证法
乌托邦的危机：勒 · 柯布西耶在阿尔及尔
缝隙空间：演变与革命
曼弗雷多 · 塔夫里：从意识形态批判到微观史学
文化市场

图书在版编目（CIP）数据

建筑文化研究．第 6 辑 / 胡恒编．-- 上海：同济大学出版社，
2014.12
ISBN 978-7-5608-5729-9

Ⅰ．①建… Ⅱ．①胡… Ⅲ．①建筑－文化－文集
Ⅳ．① TU-8

中国版本图书馆 CIP 数据核字 (2015) 第 006031 号

建筑文化研究

第 6 辑

胡恒 主编

出品人： 支文军

策划： 秦蕾 / 群岛工作室

责任编辑： 秦蕾

特约编辑： 杨碧琼

责任校对： 徐春莲

装帧设计： typo_d

版 次： 2014 年 12 月第 1 版

印 次： 2014 年 12 月第 1 次印刷

印 刷： 上海中华商务联合印刷有限公司

开 本： 889mm × 1194mm　1/16

印 张： 16

字 数： 399 000

ISBN： 978-7-5608-5729-9

定 价： 79.00 元

出版发行： 同济大学出版社

地 址： 上海市四平路 1239 号

邮政编码： 200092

网 址： http://www.tongjipress.com.cn

经 销： 全国各地新华书店

本书若有印刷质量问题，请向本社发行部调换。

Studies of Architecture & Culture

Volume 6: Contemporary History Ⅲ

ISBN 978-7-5608-5729-9

Edited by: Hu Heng

Initiated by: QIN Lei/Studio Archipelago

Produced by: ZHI Wenjun (publisher), QIN Lei,
YANG Biqiong(editing), XU Chunlian(proofreading),
typo_d (graphic design)

Published in December 2014,by Tongji University
Press,1239, Siping Road, Shanghai, China, 200092.
www.tongjipress.com.cn

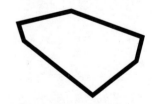

光明城

CITÉ LUCE

"光明城"是同济大学出版社城市、建筑、设计专业出版品牌,由群岛工作室负责策划及出版,以更新的出版理念、更敏锐的视角、更积极的态度,回应今天中国城市、建筑与设计领域的问题。